感谢图片摄影 / 叶志杰

在岁月面前，每个人都是弱者；在生活的摧残下，每个人都有伤疤。每个人都会有痛苦或迷茫，但这痛，是生命赐给我们的礼物，痛过之后，才会更加珍惜快乐与幸福。

感谢那些伤疤，感谢那些坎坷，是它们教会了你如何与这个世界和平相处。

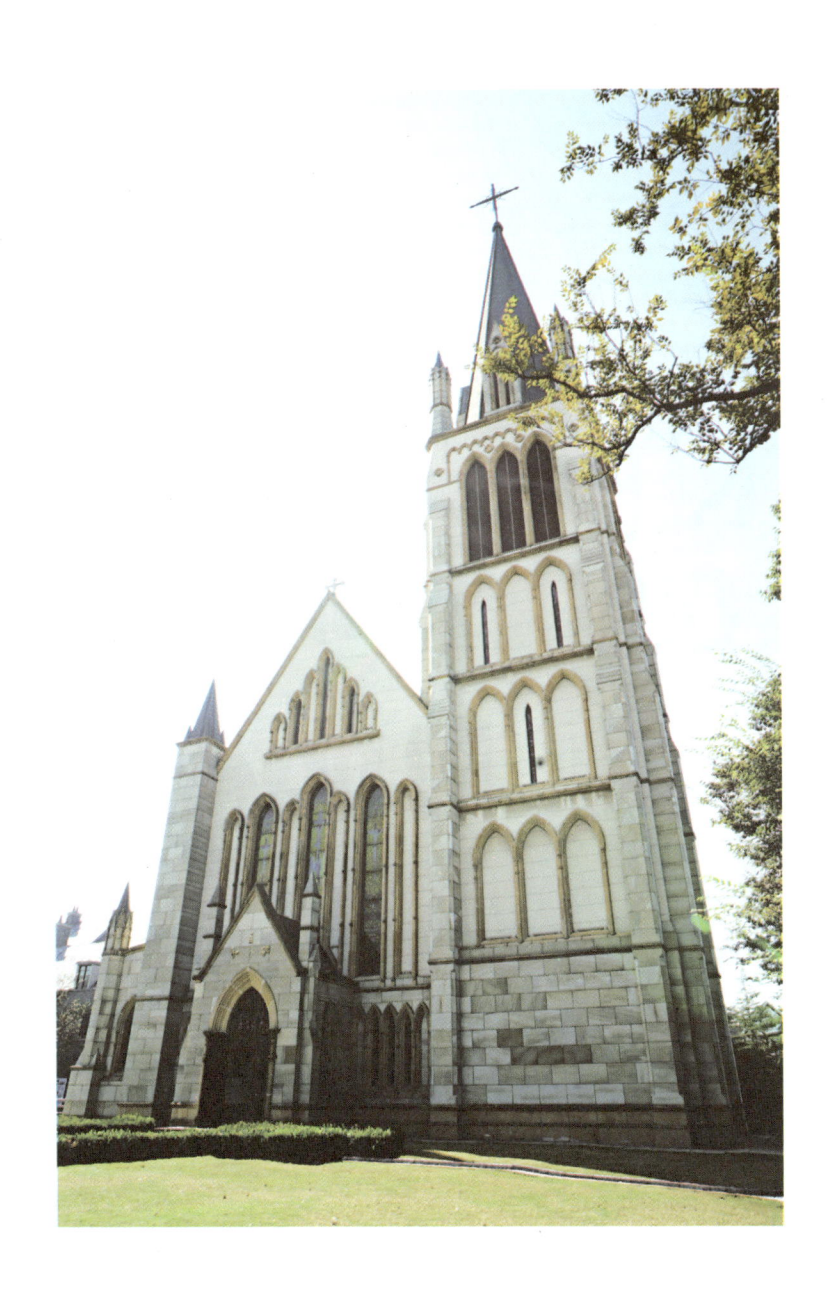

失去一个人会让我们变得绝望，人生从此没有了期许。感觉就像被谁狠狠地骗了，又找不到人可以伸张正义。

感情里，付出和回报往往不会对等，也许，你越是看重它，结果就越是令你失望；你用平常心来对待它，它反而会比你预期的要美满。

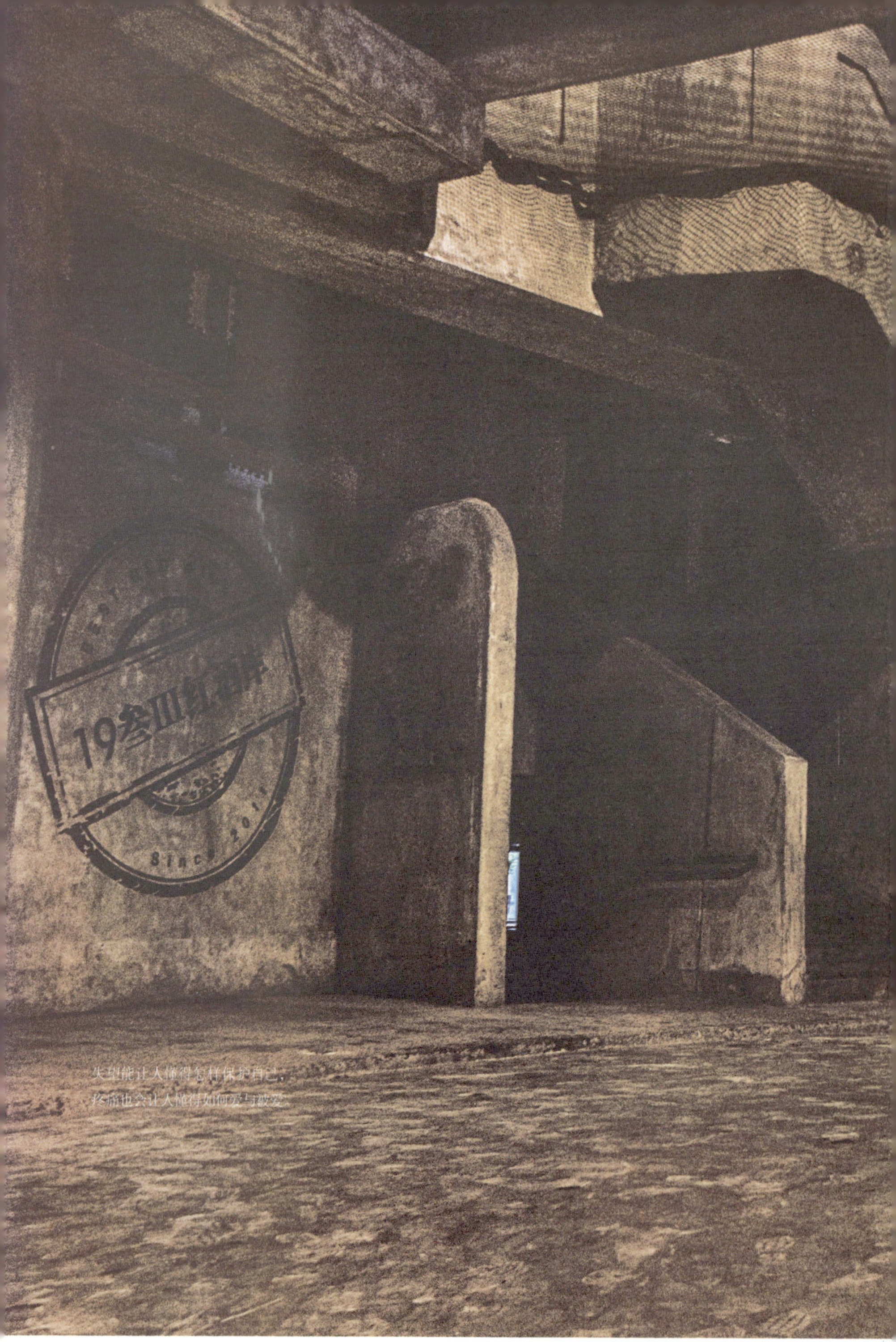

失望能让人懂得怎样保护自己，
疼痛也会让人懂得如何爱与被爱

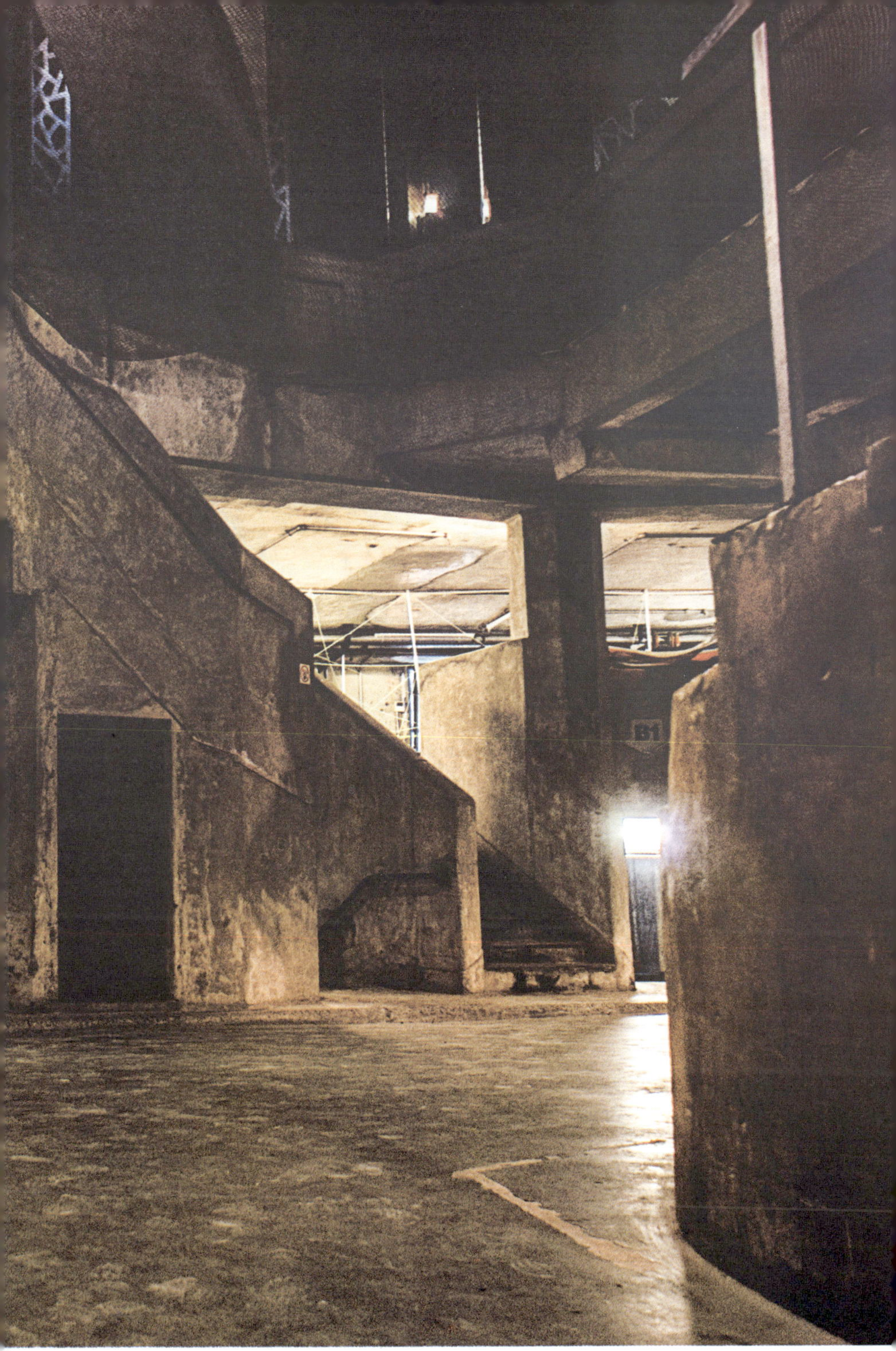
B1

原来要改变,并不需要多么煎熬的过程,只需要一个恰到好处的契机。

能够坚持做一件事,一天两天很容易,可是十几年如一日,却很难。需要的不仅仅是毅力,还要有不怕失败的精神。

在这个世界上,所有的梦想都
应该被尊重。

你以怎样的眼光去看待这个世界,这个世界就会回馈给你什么。

生活中最让人感动的日子，一定是那些一心一意为了目标而努力奋斗的时光。

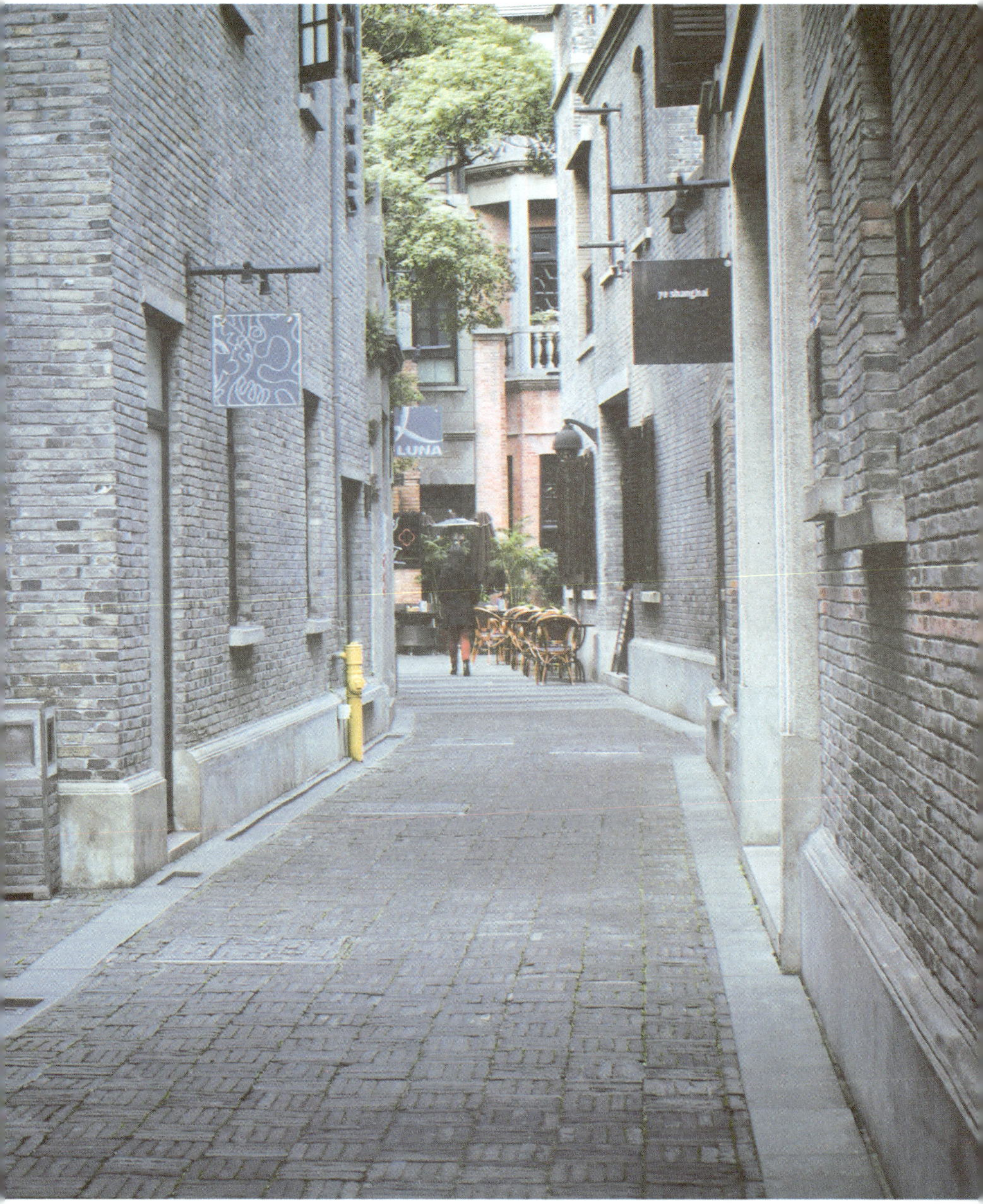
LUNA

我之所以过得很幸福，只因
我明白自己想要的是什么，
同时也找准了自己的位置。

所有的努力，不是为了让别人觉得你了不起，是为了能让自己打心里看得起自己。

没有看到想要的美好，只是因为你还没有用尽全力。

我们之所以没有成为自己想要成为的人，缺少的不是改变的意愿，而是一颗坚定而勇敢的心。

每个人都有着自己眼中
的世界,而这个世界也
只有我们自己能找到。

我从来不信这世间会无路可走

木/子/玲 著

古吴轩出版社
中国·苏州

图书在版编目（CIP）数据

我从来不信，这世间会无路可走/ 木子玲著．—苏州：古吴轩出版社，2015.10（2018.12重印）
ISBN 978-7-5546-0525-7

Ⅰ.①我… Ⅱ.①木… Ⅲ.①成功心理—通俗读物
Ⅳ.①B848.4-49

中国版本图书馆CIP数据核字（2015）第201500号

责任编辑：徐小良
见习编辑：顾　熙
策　　划：孙倩茹
封面设计：沈加坤

书　　名：	我从来不信，这世间会无路可走
著　　者：	木子玲
出版发行：	古吴轩出版社

地址：苏州市十梓街458号　　邮编：215006
Http://www.guwuxuancbs.com　E-mail：gwxcbs@126.com
电话：0512-65233679　　　　　传真：0512-65220750

出 版 人：	钱经纬
经　　销：	新华书店
印　　刷：	天津翔远印刷有限公司
开　　本：	900×1270　1/32
印　　张：	8.75
版　　次：	2015年10月第1版
印　　次：	2018年12月第2次印刷
书　　号：	ISBN 978-7-5546-0525-7
定　　价：	36.00元

如发现印装质量问题，影响阅读，请与印刷厂联系调换。0222-9908618

目录 Contents

第一章
总有一条路，会带你去远方

愿所有的负担，都变成生命的礼物 / 003

不是你付出了努力，就会得到想要的结果 / 008

所有的执迷不悟，都是在为难自己 / 015

只有珍惜自己的人，才能得到别人的珍惜 / 025

用最孤独的时光塑造出最好的自己 / 033

愿这世界始终待你温柔如初 / 042

第二章

梦想这条路踏上了，跪着也要走完

055 / 认真的孩子，运气不会太差
067 / 你的世界一直很美好
072 / 让我们成为自己的英雄
080 / 不是得到的太少，而是想要的太多
087 / 生活不是偶像剧，满足不了你的期待
092 / 趁一切都来得及，去做自己喜欢的事
098 / 慢慢来，你想要的岁月都会给你
102 / 只要肯出发，总有一个地方让你着迷

第三章

既然逃无可逃，就迎难而上

有时候，应该为爱勇敢一下 / 113
原来我的世界没有他，我可以过得更好 / 119
真正的忘记，是不需要努力的 / 128
爱你的人，不会让你半夜哭泣 / 133
面对这善变的世界，你要从容 / 143
理想的路，总是为有信心的人准备着 / 149

第四章

那些擦肩而过，是上天最好的安排

157 / 很想和你说，我已经不再喜欢你

165 / 错过他，成就更好的自己

173 / 这世上，没有谁离开谁就会活不了

180 / 不要让爱你的人慢慢远去

188 / 有生之年，你会不会遇到那个人

195 / 给时间一点时间

201 / 身在迷途，让我们都忘记了归途

第五章

亲爱的，你不必成为其他任何人

过得去过不去的，都终将过去 / 213
你无须伪装成别人喜欢的样子 / 220
总有一个人，视你如生命 / 226
日子这么长，有什么可急的呢 / 234
只要记忆还在，我们永远不老 / 240
只要你跑得够快，孤单就抓不住你 / 246

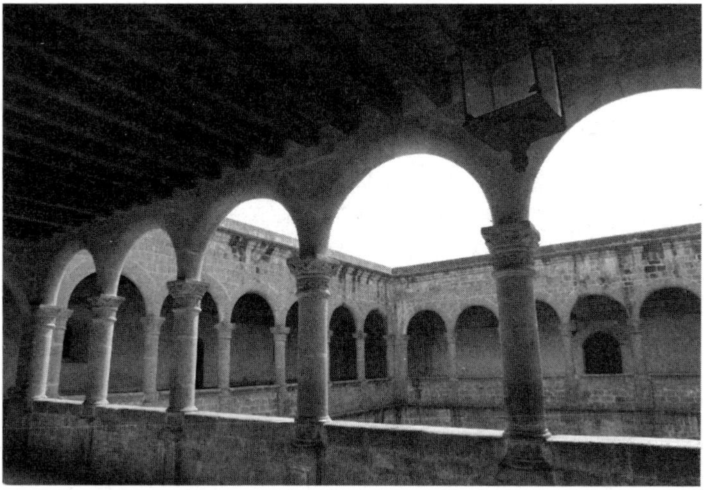

没有一劳永逸的开始；也没有无法拯救的结束。人生中，你需要把握的是：该开始的，要义无反顾地开始；该结束的，就干净利落地结束。

——马德《开始》

第一章

总有一条
路,会带
你去远方

愿所有的负担，
都变成生命的礼物

　　周六坐地铁，旁边的一个女生一直在打电话，整个车厢里都是她哽咽的声音。她说自己孤身一人在异乡漂泊，举目无亲，找工作也屡屡碰壁，觉得这样的人生毫无意义云云。

　　我到站时看了下表，三十五分钟，她哭诉了整整三十五分钟，直到我到站离去，她仍然在继续。

　　我在想：这女生的运气真够好的，也不知道电话那头是谁，怎么会耐着性子忍受她如此之久的摧残？

　　在你看来，世界上只有你活得最辛苦，遭遇最惨。等再过几年，你就会发现，其实每个人都会遇到各种各样的困难，靠近一看，每个人都是遍体鳞伤。可是，他们仍旧带着笑容，从容地面对这个世界。那是因为他们的内心已经变得强大，能坦然接受生活的考验。那些考验是前进的另一种形式，可以教会你如何与这个世界和平相处，如何让自己免于受伤。

在公众场合，你毫无顾忌地将伤疤揭开示人，强行让周围的人倾听你的哭诉。先抛开别人对你的看法不说，你不远万里来到这儿，难道就是为了跟家人汇报你怎么受苦的吗？除了受苦就再没有其他收获了吗？当然不是，你是为了过更好的生活、实现心中的梦想才来的。你在选择离家之前就该想到，外面的世界并不是金砖铺地，你的开始，很可能会是悲惨或者痛苦的；从你准备出来闯荡时，就要做好心理准备，充满竞争的世界是残酷的，你只有去承受，去隐忍，去坚强，才能逼自己适应所有的一切。

是的，你已经不是一个孩子了，要学会面对生活的艰辛。

其实，让我们迷茫或痛苦的并不是事情本身，而是我们的心境。你可以试着换个角度看那些痛苦：你若将它看得很重，它便会时刻纠缠你，压得你喘不过气来；你若将它看得很轻很淡，它就会消失得无影无踪，对你造成不了什么大的影响。

人上了年纪通常就变得唠叨起来，会反反复复提及以往日子里发生的琐事，唠叨的次数越多，记忆就会越深刻，仿佛只有这样，他们才不至于将过往的人和事忘掉。同样的道理，如果你不停地强调漂泊在外的艰难，只会加重你的痛苦。

人只有心境发生改变，看待事物的眼光才会改变。只有转换角度，视野才能真正开阔起来。

人生在世，谁没有艰难的时候？你现在吃的苦，别人也吃过；你现在流的眼泪，别人也流过。所以你不必将自己的脆弱展示出来。

没有哪个陌生人会无缘无故地上前安慰你；也没有哪个素不相识的人会为你递上一包纸巾，提醒你注意形象；更没有人会语重心长地开导你：孩子，不要哭了，换个角度看世界，你会发现它其实很美丽。

初入社会，迷茫是少不了的。现在的你认为这个世界很不公平，认为别人的生活都比你舒适。你独自一人身处陌生的城市，总有一种被抛弃的感觉。尤其是当你看到别人和好友挽着胳膊从你身边经过的时候，你心中充满了嫉妒——他们面带微笑，好像从来都没有烦恼过。当别人津津乐道于工作的乐趣时，你又会投去羡慕的眼光，好像他们从来不为找工作发愁。再看看你要好的大学同学，她虽然远嫁他乡，可过得幸福甜蜜，你又忍不住感叹：真幸运啊，她怎么就嫁了个这么优秀的男人！

其实，他们能过得这般快活，并不是因为他们比你幸运，而是因为早在你之前，他们就经历了你现在所感受到的一切，他们有过艰辛，有过痛苦，只是咬着牙挺了过来，才有了今天的快乐与幸福。

原来，大家都是一样的，都会有这样或那样的苦恼，就像叔本华说过的那样："一切生命的本质，就是苦恼。"

有人问佛：世间为何多苦恼？佛曰：只因不识自我。

如果你继续这么颓废下去，试图将所有的辛酸挫折告诉身边的每一个人，那你真要永远孤独下去了。这是一个恶性循环，你越是沉浸在痛苦里自伤自怜，就越是无法找到突破口。并且，这个世界上没有谁愿意跟祥林嫂式的倾诉狂交朋友，因为那样无异于把自己当成对方情绪的垃圾桶。

不妨换位思考一下，我们都希望身边的人能分担自己的烦恼，为自己带来快乐，如果你不能给别人带来快乐，至少也别给人家增添烦恼吧。

倘若你用心去观察，就不难发现，成熟的人不过是会以一种妥当的方式来处理自己的负面情感，使之不会影响到其他人而已。

在岁月面前，每个人都是弱者；在生活的磨砺下，每个人都有伤疤。每个人都会有痛苦或迷茫，但这痛，是生命赐给我们的礼物，痛过之后，才会更加珍惜快乐与幸福。

感谢那些伤疤，感谢那些坎坷，是它们教会了你如何与这个世界和平相处。

但愿所有的负担都变成礼物，所受的苦都能照亮未来的路。

不是你付出了努力，
就会得到想要的结果

有些事不去做，你的梦想就永远不会实现。失败了，宅在家里，只会让你变得愈发懒惰、麻木、不思进取，直至将生命的活力消耗殆尽。

其实，你差的只是那么一点点，只要你愿意去努力，并一直坚持下去，相信命运终会给你想要的惊喜。

从小到大，妈妈常在我耳边念叨的一句话就是："你看隔壁的孩子，小小年纪就拿了不少市里的奖项，再看看你，整天就知道看闲书……"大体的意思就是隔壁家的孩子怎么好，要我向他看齐。那时的我，恨透了"隔壁家的孩子"。

我理解妈妈的良苦用心,她希望我向优秀的人看齐,从而也变得优秀。为此,她还专门将隔壁家的孩子请到家里来,好让我学学人家。奈何我只对闲书和动漫感兴趣,所以我们基本没有学习上的交流,辜负了妈妈的一片苦心。

上了大学以后,我依旧整天看些与专业无关的闲书,一副不思进取的样子。所以,每逢过节回家,妈妈依旧把"隔壁家的孩子"挂在嘴边,说人家大一就拿了学校的奖学金,大二利用寒暑假的时间去参加社会实践,连学费都挣够了。

每次妈妈说起这些事,我都会不以为意地撇撇嘴。他是很厉害,可是跟我有什么关系?任妈妈如何说,我还是不以为意,继续看我的动漫和闲书。

一天,一个编辑看到我在空间里用文言文写的文章后联系我,问我会不会翻译文言文,而这正是我擅长的。编辑给我发来一段文字,让我试着翻译了一下,我很快就翻译好了。对方看后很满意,随即向我要了地址,要给我寄合同。当收到合同时,我发现自己竟然能靠翻译挣够学费了。

放假时我兴冲冲地将出版合同拿给妈妈看,她也终于破天荒地表扬了我两句。正当我沾沾自喜时,她又如往常那样,说隔壁家的孩子已经开始找工作了，工资相当可观云云。听得我气不打一处来："妈妈，我才是你亲生的呀！你怎么总觉得别人家的孩子好？"

再次回家时，我把自己翻译的书带了回来，妈妈看到后笑得合不拢嘴，而她习惯性要说的"隔壁家的孩子"，却久未提及，我感到十分诧异。后来才知道，原来隔壁家的孩子在单位受了打击，辞职回家了。

很快我进入实习期，常常加班到很晚，有时忙起来，甚至连饭也顾不上吃，几个月下来，竟瘦了好几斤。过年回家，妈妈见到我消瘦的面容，不由两眼一红，抱着我，问我想不想留在家里，只要我开个实习证明，就可以不回去上班了。

我说："现在只是实习，如果这点累我都扛不下来，真的踏入社会该怎么办？"

没想到她却说："大不了跟隔壁谁谁的妈妈一样，我养你一辈子。"

我这才知道，隔壁家的孩子自从辞职回家之后，就再也没有出去过。有一天他来我家串门，询问我实习的情况，临走时，我忍不住对他说了藏在心里的话："每个人都会遇到这样或那样的事情，回家疗伤我可以理解，但是一直宅在家里，是不可能真正地疗好内在的伤的！只有跌倒了再起来，再走出去，才有可能变得更加坚强……"

他却说:"你还小,很多东西都不懂。"然后就走了。

我愣在原地,我还小吗?

很快实习期顺利结束,回到学校,大家都凑在一起纷纷倾诉着社会体验。我这才知道大家的境遇其实都差不多,无非是拿着微薄的薪水,做着繁杂的工作,心里都很委屈。

以前的我们,遇到一点不顺心的事就难过。等到踏入社会才发现,其实真正使我们难过的,并不是那些不顺心的事情,而是我们对自己的不满意。

我忽然同情起隔壁家的孩子,他之所以成了现在的样子,是因为之前的他似乎总是很优秀:从小到大,学习一直名列前茅,是老师眼中的好学生,邻居眼中的好榜样,家长眼中的好孩子,孩子眼中的传奇……身上的光环实在太多太多,他已经习惯了被当成一个优秀的人。

进了单位之后,他想继续优秀下去,但社会不是象牙塔,缺乏经验、沟通能力、变通能力的他,总是碰壁。终于有一天,他再也无法承受不再优秀的压力,辞职回了家。

很多人都是这样,之前一路走得顺风顺水,于是一旦遭遇一点挫折,就承受不住了,开始抱怨,开始气馁,开始怀疑自己,直至甘心平庸下去。但是，人生之路从来不是一片坦途，遇到挫折和困难是难免的。这时，逃避是无济于事的，唯有相信自己，再努力一把，再坚持一下，便可以冲破面前这道坎。

那天登录QQ，隔壁家的孩子刚好在线，我跟他抱怨："最近上班很累，经常加班。这不，晚上还有一份财务报表要做，我这会儿正在可怜兮兮地吃泡面。"

他发了个笑脸："别太拼，容易失望。"

我说："我会慢慢来，因为我知道自己的位置。"

"如果你努力了，最后还是没有得到你想要的呢？"他问我。

"大不了回家养养伤，然后再次出山呗！"

"千万别回家，家里太安逸，回来了就出不去了。"

"我不会的，因为我知道，人要学会去承受一些东西，比如失望，也要学会去看清楚一些东西，比如自己。"

在我要关闭QQ的时候，看到他的回复："你真是个好姑娘。"

我笑了，他看出来我说了那么多话，其实就是在说给他听。

我知道，隔壁家的孩子将家当作了一个避难所。待在父母身边确实很安逸，他们看不得孩子受委屈，会好吃好喝地伺候。可是他却忘记了，总有一天父母也会老去，终究是不能依靠一辈子的。

看过《西游·降魔篇》的人应该都记得，这部片子讲述了陈玄奘降魔的经历。他没有任何本领，只拿着一本《儿歌三百首》，却想感化所有的妖怪。他一直声称自己是驱魔人，在降魔的过程中，也曾怀疑自己的能力，可师父却告诉他，其实你差的只是一点点。于是陈玄奘问师父，一点点是多少。师父始终说，就那么一点点。

其实，师父所说的那么一点点，是指陈玄奘缺少的只是那么一点点勇气、一点点努力和一点点决心。只要你对自己有信心，只要你肯放开手大胆地去做，坚持走下去，你终会看到天边升腾起美丽的彩虹。

正是秉持着这样的信念，陈玄奘终于成为了一个驱魔人。

哪怕是最没有希望的事情，只要有一个勇敢者坚持去做，到最后也会有成功的希望。

我们从小就被灌输一种观念：只要你肯付出，就一定会有回报。

其实我们都误解了这句话。

不是付出了一点点，就会马上见到回报，而是不管遇到什么挫折，你都要坚持不懈，不放弃地一直付出，才有可能取得你想要的成就。

每个人都一样，不是你付出了努力，就会得到想要的结果。关键是在选择努力之前,先要找准自己的位置,选对方向。倘若一开始就偏离了成功的轨迹,又怎能凭借努力,乃至一腔热血向前去,那样只会离目标越来越远,最后使得自己筋疲力尽,还对生活失去了希望,就如隔壁家的孩子一般。

不顺心的事谁都遇到过,有的人会越战越勇,有的人却会一蹶不振。那些成功的人,最初同样摔过很多跟头,只有无论跌倒多少次都还能再爬起的人,才会最终抓住成功。

如果你回头去看,那些受过的伤、流过的泪、热血奋斗过的时光,你就会发现,那些痛苦,最终让你成为了自己最想要成为的人。

所有的执迷不悟，
都是在为难自己

　　离开他以后，我总是安慰自己：没关系，就算他离开了，我也会好好照顾自己，爱自己，就像他爱我一样。

　　如果陪他走到最后的人不是我，那么有一天，当我看见他与别人牵手的时候，会不会去埋怨和计较？为了不让自己那么伤怀，我一遍一遍地在心里重复"只要曾经拥有就好"。

　　我常常抱着手机看我们曾经发过的短信，那些蜜语甜言，那些他对我的关怀备至。总以为我们不过是吵了一场架，他只是暂时离开，只要我肯回头，他一定会敞开怀抱等着我奔过去。

　　过了很久，我忍不住又去看他的QQ空间，才发现他的昵称变了，个性签名变了，就连空间好多年不曾换过的皮肤也变了，相册里是他跟另一个女孩的结婚照。我的眼泪一下子流了出来。

你死心塌地地爱着一个人，而那个人已经不再爱你。世间没有比这更残酷的事了。

"我爱你"这三个字，我再也没有资格对他说，只能咬着牙将这个秘密埋在心里，一辈子。

要有多勇敢，才敢面对那么多失望。

"这辈子，要是爱上一个人，我才不会顾忌什么面子不面子，就大大方方地告诉他，答应就答应，不答应就拉倒。"在我还不懂什么叫爱情的时候，曾经大言不惭地说过这样的话。

后来我遇见了他，终于明白了"心动"到底是什么感觉。就像偶像剧里演的那样，我是被帅哥迷住的小女生，目光始终追随着他。

每次他打篮球，我都去看，尽管我根本看不懂。

他去图书馆自习，我也跟着去，手里拿着一本漫画书，悄悄地坐在他附近的角落里，看他认真学习的样子。虽然会招来朋友们的鄙视，可我还是控制不住自己。

我渐渐地开始享受暗恋的美好，原来暗恋也没有那么苦涩。

慢慢地，他的名字被我提到的频率越来越高，我的好友实在看不过去，对我说："既然你那么喜欢他，就让他知道啊！万一哪天他跟别人交往了，你岂不是连暗恋的资格都没有了？"

好友随便的一句玩笑，居然让我心里一紧。

我一直这么喜欢他，可他始终对此一无所知，我很害怕他哪天真的会跟别的女生交往。

于是，我鼓足勇气打了他的电话，那号码也是我千方百计才打听到的。电话打通了，我屏住呼吸，这时才知道，不知不觉地，他在我心中早已占据了很大一个地方。好在他很给面子，答应跟我交往。挂掉电话，我像中了五百万的大奖一样，把我们要交往的事情跟所有的好姐妹都说了。

朋友们都说，这丫头准是疯了。

我龇牙咧嘴，丝毫不在意，谈恋爱的时候没有人能保持住镇定。

后来我跟他被称为模范情侣，他知道我爱看漫画，总是把最新的漫画书买来给我看。我知道他不爱吃药，所以每次他生病的时候，我都不厌其烦地提醒他吃药，像个大妈一样。有一回他说："怎么跟我妈一样唠叨？一辈子这么下去，我耳朵都要起茧了。"

听到这句话的时候，我整个人都愣住了：难道我真的要跟他在一起一辈子吗？随即我又笑了——像现在这样，一辈子也挺好。

一辈子可以很长,也可以很短,可我从来都没想过这些。

我总以为,只要不出现第三者,我们就会一直幸福下去。

相处的时间越来越长,我对他的感情在慢慢加深,可他依然停留在原地,只有我一个人在往前走。

我爱他多过他爱我。开始的时候我并不介意,以为慢慢地他会给我更多的爱,可谈了那么久恋爱,他还是当初的他,仍然很自我。

他不喜欢我大大咧咧地笑,不喜欢我跟别的男生走得太近,不喜欢我一直看漫画。他欣赏数学成绩好的人,而我的数学成绩始终在及格线徘徊。

为了讨他喜欢,让他多爱我一些,我开始学着笑不露齿,尽量不去看漫画书,不再跟男生有过多来往,也开始努力地学数学。

我不明白,为什么刚开始在一起的时候,两个人都很开心,我不被他喜欢的地方,他也并不介意,现在却变得不能容忍。

为了变成他喜欢的样子,我努力了很久。终于,我笑起来的时候只露出两个小虎牙,男性朋友也越来越少,与漫画书彻底隔绝,唯独数学成绩还在及格线徘徊。

我挑灯夜战,突击复习,结果并不遂人意。期末成绩发下来,我看到卷子上自己的成绩,只有六十一分,当时就哭了。朋友们都以为我难过是因为考得不好，围着一圈轮番劝我，可只有我自己知道，我那么伤心，只是因为，没能变成他喜欢的样子。

有一次，好姐妹例行聚餐，有个朋友实在没忍住，说："有你这么谈恋爱的吗？别人都是越谈越开心，你是越谈越悲伤，犯得着这样委屈自己吗？谈个恋爱，把自己都弄丢了。"

也许是这些话戳中了我，我慌忙地逃回家，躲在洗手间哭得撕心裂肺。我的努力，他都看不见，他依然活在他的世界里，依然自我，考试成绩名列前茅，篮球打得很好……

我掰着手指数着他的缺点，可数着数着，那些缺点竟然都变成了他的优点。

有人说，一个人，即使他再怎么令你讨厌，只要你爱上了他，缺点最后也都变成了优点。我知道自己被爱情冲昏了头，可无论他对我有多不好，对我有多挑剔，我都不能停止对他的喜欢。我就这样无法控制地爱着他，就是没有办法将他从我的生命里删去，只要他不提出分手，我情愿永远赖着他。

永远？这个词冒出来，连我自己都被吓了一跳。我对他的要求越来越低，最后变得只要能陪在他身边就好。

恋爱中的人都是迷茫的，永远看不清那个人的内心到底是怎样的。我以为只要给予他的爱比从前更多，他就会舍不得离开我，他就会记得我的好，以及我的努力。

我总感觉现实是美好的，可现实却泼了我一身冷水。

有一回他感冒，我下了晚自习就跑到药房去买药，我想把药亲自送到他楼下，可到了那儿，却看到他正和别的女孩抱在一起。

我感到片刻的眩晕，然后掉头就跑了。我怕他看见了会觉得尴尬。我不知道该怎么面对他，其实更怕他跟我说分手。

后来我没再给他打过电话，也没问过感冒的事，他也没有主动联系过我。那段日子，我将所有的心思都放在了学习上，因为妈妈说："总要对自己的青春有个交代。"

几年过去了，我依然没有忘记他。初恋是人最难忘的情怀，一个人的时候，我总想起当年表白时的悸动，又想起他后来对我的冷淡。越想越觉得不公平，我那么痴情于他，为了他做过么多努力，可他并不在意，现在独留我一个人在这里回忆。

想到这，我突然有了一种莫名的勇气，随即拨通了他的电话，直截了当地问他："你敢不敢说说，当初为什么要跟我在一起？"

"因为你喜欢我啊！"

就那么几个字，让我瞬间无言以对。我喜欢他，我们在一起的理由仍然是以他为主,跟他对我的感情没有太多关系。

正在我愣神的时候,他问:"你敢不敢回答,现在你还喜欢我吗?"

我手上冒出的汗清楚地提醒了我,我还喜欢着他。这些年,我从没试图忘记他。虽然他还是那样自我,可这不正是我喜欢他的原因吗?

虽然心里这样想,可我不敢如实地回答他,因为我怕他看清我的心。其实,现在的我已经变得足够优秀,可仍然惧怕听到他说"不喜欢"这三个字。

所以,我没有回答他,并连忙挂断了电话,然后开始默默地惆怅。

如今的我,在职场上如鱼得水,同学都称我为女强人。不论遇到多难缠的客户,我都能从容面对。我发现,自己再也不会那么容易脸红,也不会轻易产生负面情绪。可得知了他快结婚的消息,我还是忍不住难过了一下。

我曾经千万次地希望,能找到什么办法让我忘掉他,从此彻底不再受他的影响。可越是这样,回忆就越清晰。

现在,我居然做到了。

突然有一天,我接到了他的电话,他要结婚了,问我会不会去。

我问了日期，表示一定会去。我终于明白，是时候该给自己的青春一个交代了。

在他的婚礼上，我见到了几个多年未见的好友。大家相聊甚欢，他们像是商量好的，都避开我与他的往事不谈。我爱了他那么多年，大家都以为在这场婚礼上，失态的人一定是我。

事实上，当我看见他和新娘牵手走过的时候，没有半点要哭的冲动，内心反倒是获得了一种坦然。

时间让我认清自己，也认清了一段感情。原来让我与过去纠缠不休的人不是他，而是自己。现在的我，终于将自己的心锁打开，不再受其困扰。

参加完婚礼，我要赶着回去上班，可朋友却留我在外面小聚。因为没他在场，大家才敢敞开说话。

"当初你爱得那么奋不顾身，为什么在他婚礼上，你却一点反应都没有？"

过了年少的岁月，我才发现，自己并没有想象中那么爱他。经过了这么多，我也终于意识到，在这个世界上，没有什么是一成不变的，我变了，可我并没有觉得这样有什么不好。

临走时，他托人送了一盒茉莉茶给我。记得当年，自己总朝他要这种花茶喝。换成以往的我，回想起这件事，一定又要难过得说不出话来。可这次，我居然拒绝了，没有收那盒茉莉茶。因为我现在更喜欢喝咖啡，竟然连口味也会随着时间的推移而发生变化。亦如当年那段浓烈的感情，到今天也变得平淡无奇。

一想到最后和我在一起的不是他，心就疼到无法呼吸。我已经把他写进了我的未来，把所有我能想到的美好，都烙上了他的名字。现在又要让我一笔勾销，这不亚于将生命的一部分都割舍了。不仅仅是心疼，还有很深的绝望，让我无时无刻不感到精神上的阵痛。

太阳依然照常升起，我的工作还要继续。而未来呢，谁也说不好，我现在只喜欢正当此时的自己。

从此之后，我轻装上阵，尽情地去享受着世间的一切美好。那个我总觉得非他不可的人，终究被遗忘在时光里，成为一张泛黄的旧照片。

这个故事的结局并不是那么美好，可却是我成长的过程，生命中不可分割的部分。

想起这些，我忽然佩服起当年的自己，曾经那样大胆地追逐过一个人。

"我喜欢你好久了，你能跟我在一起吗？"

好一个勇敢的姑娘!

而现在,再遇到喜欢的人,我是连正视对方一眼的勇气也没有的,因为害怕他的目光中没有我。更不敢主动去问他,怕满心期待过后得来的只是一个冰冷的否定句。

他们说,一个人变老的前兆就是胆量越来越小。可能是从前太多的期许,最后换来的都是失望的结局,所以,再也没有勇气相信,还有什么是值得期待的惊喜。

失去一个人会让我们变得绝望,人生从此没有了期许。感觉就像被谁狠狠地骗了,又找不到人可以伸张正义。

我知道面对这些是一个天大的难题,不亚于将生命中的一部分割舍出去。可是,只要我们坚持走出这一步,我们的生命格局将彻底改变,人生顿时会出现很多条路,心一下子变得宽广和豁达。

如果离别无法避免,那最好的办法不过是让自己变得更强大,能够从容地面对离别。

这样看来,时光才是不老的神话,日复一日,年复一年,给过无数人机会,年轻人都变老了,它仍然是一如往昔,永远都有希望,期待下一位年轻的人。

只有珍惜自己的人，才能得到别人的珍惜

在我印象中，S从来没有穿过短袖，哪怕是在炎热的夏天，她也是穿着长袖出来。因为在她胳膊上刻着LY——那是一个人的名字，那个人是她曾经最喜欢的人。她那么努力地去爱他，最后也没能逃过分手的结局。

S说："我怕自己哪天就把他忘了，所以想在自己身上留下点标记。"

她喜欢用这种方式来缅怀逝去的爱情。我不能说她太冲动，不懂得怎样做才能更好地爱惜自己，也不能说她对待感情太过执着。如果在失去爱情的一瞬间，你能表现得如同失去玩具一般轻松，那

只能说你没有真正地去爱过。

关于和LY之间的事，S说她真的感到累了，在他身上实在是浪费了太多的光阴。自己身边明明有更好的人可以去爱，而且不用花费力气就可以过得比现在好。只是因为她还对他心存幻想，所以才一而再，再而三地给LY伤害自己的机会。

她的朋友们都看不过去，只要LY一来找她，她的舍友便用力关门，让声音响彻整个楼层，以示对S的反对。可是这种抗议对于S来说一点效果都没有。

S说："你们是不会明白我的感受的，我在他身上已经花费了十年的光阴，几乎是整个青春，现在突然让我放手，我怎能甘心？"

那时，S常常帮LY补习功课到深夜，为他打理好生活中的一切琐事。总之是费尽心力地去讨LY的欢心。

有次LY告诉她没钱了。她立刻就把自己的生活费给了他，而且是倾囊而出。后来她利用业余时间去打零工。那是一个寒冷的冬天，她在一个饭馆里帮人包饺子。有时当晚有剩余的，她会打包，带回去给他吃。

她从来没有奢望过LY能回报她什么，只要两个人可以一直这么走下去就好。她坚信爱到最高境界是经得起平淡流年的。这话虽然很多人都说过，可她还是觉得很动听。

有一天，他看到饭馆里有客人摸了她的手，便动手打了她。LY有暴力倾向，她早就知道的，但没想到他竟然会下手这么重。当晚她就辞去了打零工的活儿，回到宿舍，趴在床上哭了整整一夜。

她的朋友实在看不过去，拨通了LY的电话，直接吼他："你就是渣男，自己吃软饭不说，还打女人！"

那次她真的很受伤，本想要分手，可看到他出现在楼下，便鬼使神差地原谅了他。

后来，他打她的频率逐渐升高，施暴成瘾，一点鸡毛蒜皮的小事也能让他大打出手。因为受情绪影响，她挂了两门课。那时她已搬出校外，跟舍友租了房子。有一次，舍友购物回来，看见满屋狼藉，S躲在卫生间哭得稀里哗啦。

从那以后，LY再也没出现过。

LY再次出现时是第二年的中秋节，他向她借五千块钱。那天刚好赶上她发工资，她二话不说就把钱打给了他。

也许是出于感激，他又和她在一起了，他还把她带回了老家，去见他父母。S以为他有意要跟自己结婚，所以辞了工作，到他所在的城市去发展了。

接下来的日子，他还是和从前一样：工作上遇到不顺心的事就回来打他；陪客户喝酒，回到家后就对她施行种种暴力。

她的感情让她进退两难，若不分手就会有生命危险，可一旦分手，她又是痛不欲生。

最后一次见他的时候，他正在和一个女人吃饭，被她撞见了，他正式向她介绍，那个女人是他未婚妻。

那晚她彻夜难眠，还想在他结婚前挽留一下他，于是一遍一遍地给他打电话、发短信。从最初的挽留，到后来的乞求，她一直在等，却始终都没有等到他的回音，哪怕是只言片语。

S对我说："那段时间，我感到全世界都背叛了我。因为在我看来，他就是我的整个世界。"

我对她说："置之死地而后生。你只有痛到无法再痛的时候，才会彻底地醒悟。到那时，你会感到呼吸的空气都是香甜的。"

就像一个人长时间在黑暗里行走，突然见到了曙光；一个得了眼疾蒙着眼睛很久的人，痊愈时终于见到了天光。那种重见光明的感觉，让人感到很幸福。

S把长袖挽起来让我看伤疤，这个伤疤会伴随她一生。但愿她没有白白受伤，这一次的教训，能让她在以后的岁月里不再重蹈覆辙。

这个世界上有很多人和她一样，爱的时候不顾一切，以为只要用心尽力去爱，对方就会加以珍惜。

结果往往是，你表现得越炽热，他对你就会越冷淡。就像握在手里的沙，握得越紧，流失得越快。不如试着放手，他反而会更珍惜你。

感情里，付出和回报往往不会对等。也许你越是看重它，结果就越是令你失望；你用平常心来对待它，它反而会比你预期的要美满。

S问我，为什么人会感到孤独？

是的，人生一世，每个人都会有感到孤独的时刻。平常的日子里有人陪伴，就在热闹中度过了，不会觉得时间有多难熬。只有走到困境的时候，孤独才渐渐浮出水面，甚至会被无限放大。尤其是在失恋的时候，孤独甚至可以让一个人崩溃。

S，你曾为了心中的那个人，付出了许多。不计任何成本地接近他，只为了能够跟他在一起。

固执、坚决、勇敢、认死理，这是每个人都会经历的阶段。它来时，你欢天喜地；它走时，你痛不欲生，感觉整个世界从此走进了灰暗，再也没有快乐可言。再也没有什么比失恋更具杀伤力了。

人总是在和自己过不去，固执地认为，如果没有了那个人，你的生命就会失去色彩，你的天空就会塌陷。

可是，你有没有想过，难道没遇到那个人之前，你的生活就从来没有好过吗？

去翻翻你的旧照片，在没认识他之前，你也有着温暖明媚的笑容。可是为什么，遇到那个人，你就忘记了从前，失去他时你就变成了另一个陌生的自己。

既然他已经成为你心口的一道伤，成为你眼中的一根刺，成为所有悲伤的源头，那他的离开，对于你来说，又何尝不是一种解脱？

想一想两个人最初携手时的模样，脸上总挂着温暖的笑容，生活因彼此的陪伴而变得丰富多彩。不知道从什么时候开始，这种快乐越来越少，你们之间的矛盾也越来越多，当他第一次向你挥拳相向的时候，你就应该想到"分手"二字。

既然你们已无法给予彼此更多的美好，何不及时放手？别等到伤得千疮百孔时才喊有多痛。你的不舍，你的犹豫，你的念旧，你的深情，都无法挽回已经破裂的感情。

你总该心疼自己，远离"病态"的爱。就算全世界与你背离，你也要坚持自己的选择。一个对你施暴的男人应该马上离开，是你一次次的原谅给了他伤害你的权利。别让自己背负起这个早已注定的结局。

做一个懂得心疼自己的人，不随意付出，不轻易原谅，在感情变质的时候，果断取舍。虽然我们无法改变爱过的痕迹，但不妨从此刻起试着改变自己的心态，改变"圣母心"泛滥的状态。

对你不想要的，坚决说"不"，瞻前顾后只会让你更加痛苦。

学会尊重自己的感受，对自己好一点。不想听别人在你耳边碎碎念的时候，就远离他，或者不去理会。如果一个人总让你流泪伤心，那就需要冷静下来想清楚，然后决定要不要在一起。只是，一旦决定了，就不要回头。

世界这么大，可以做的事情又很多。既然他让你浪费了那么多时光，你当务之急应该是尽量让接下来的时光过得有价值。那些流逝的岁月，就当是生活在给你上课。

他没有走进你的世界之前，你期待能有一个坐着火车去旅游的机会，你想看南方城市的春暖花开，想看高山流水，想看古镇寺庙。

现在，机会来了，你可以买一张车票，暂时离开这个与承载了你和他共同回忆的城市。一个人，带着忧伤去流浪，将手机里的歌全部换掉，趁旅行的机会，让美好覆盖悲伤，让他彻底离开你的生活。

用不了多久你就会明白，再深的伤痕也会有痊愈的时候。只是你需要给伤口结痂的时间，不要一次次地去揭开正在愈合的伤口。

你不用急着去改变，只需要承认现在的阴霾。时间是治愈伤口绝佳的良药。当初的痛，到最后都会变得风轻云淡。而现在的你，只能慢慢去消化那些痛苦。

而这些痛，在不久的将来，都会让你为自己筑一道挡风的堡垒。你会通过曾经别人给予的伤口来明白，那些过去岁月里的难忘经历，那些你曾经认为永远也无法跨越的鸿沟，都将成为你无比宝贵的生活财富。

只有你懂得去心疼自己，才能遇到更好的人来保护你，视你如珍宝。

不要把自己逼得毫无退路，只有先对自己仁慈，才有无限可能去遇见更多的人和事。

就如同电影《珍珠港》里那样说的："当一切都结束，我们在回首往事之时，懂得了失去和拥有。每个傍晚，看着夕阳西下，感受着它最后一缕余晖的温暖。我知道这温暖从我的心一直流到你的心里。"

用最孤独的时光

塑造出最好的自己

"我们这一代有多少人是为情所困而自杀的？"

有一天在论坛上看到这样一条帖子。我很好奇，于是，顺着这个标题，又搜索了一些关键词，竟然发现相关结果有八百三十五万条。

据有关数据分析：全世界约七十亿人口，每年大约有四十二万人会因为爱情不顺而选择自杀。这些人里，大多都是青年人。

这些数据着实让人震惊，究竟是这个世界太不好，还是爱情让人变痴狂？是什么让他们能够如此随便地放弃生命？

看完帖子已经是深夜了，我正要关上电脑准备睡觉，突然收到一条短信，内容是："我真的不想活了，实在想不明白，为什么他要背叛我！！！"

短信末尾连用的三个感叹号使我恐惧起来，不由得联想到刚才看过的帖子，担心她会产生轻生的念头，那后果将不堪设想。

想到这，我急忙拨通了她的电话，却只听到："对不起，您所拨打的电话已关机……"

电话打不通，我预感到事情不妙。

情急之下，我只好联系她的家人。首先想到的是她的弟弟，可是他正在外地出差，很少与她碰面，更不可能千里迢迢赶来帮上什么忙。我只好又找到了她父亲，将她的近况告诉了他，幸好她父亲赶到得及时，发现了手握水果刀发呆的她，才阻止了悲剧的发生。

事后想来，我当时哪怕有片刻的迟疑，悲剧就发生了。从此我就失去了这个好朋友，她弟弟就失去了那么疼爱他的姐姐，她父亲就失去了那么孝顺的女儿，那得是多痛苦、多让人难以接受的事情啊！

我知道她为什么产生自杀的念头。都说爱情能让人变成另外一个样子，遇到他以后，她遇事斤斤计较，还经常哭鼻子，像个现代版林黛玉似的，完全没有了原来的样子。

她男朋友是我们大学时的体育委员，我至今还清晰地记得，有一天，她突然跑来跟我说要追一个男生，这个大胆的举动瞬间震惊了我。我万万没想到，像她这样一个害羞沉默的小女生，竟然可以因为爱情而变得如此勇敢，爱情竟然如此神奇。

当时体育委员也很给力，二话不说就当着全班同学的面牵起了她的手，两人开始了美妙的爱情之旅。按说大学里谈恋爱已经不是什么稀奇事，但像他们这样明目张胆的情侣还是比较少见的。

大学那几年，他们几乎形影不离，每天只要一有时间就腻歪在一起，好像怎么黏都黏不够似的。他成绩不理想，她刚好擅长这方面，就积极地帮他补习。后来大家都看到了他对学习的态度以及成绩的变化，比如：上课时他会坐在前排，认真做笔记；课间埋头做题不休息，遇到不懂的他就虚心求教等等。

我们都知道，他这些改变与她平时的督促是密不可分的。我和她开玩笑说："这么听话的男人哪里去找？干脆等毕业你就收了他吧！"

她对我频频点头，说这刚好与她的想法吻合，如果两个人的感情能坚持到毕业，她就和他结婚。

其实，在爱情里，每个人都希望喜欢的人也喜欢自己，两人共同进步，看到对方为你做出一点点的改变，心里就会迸发出难以抑制的幸福。哪怕对方努力后还是没能变成你理想中的样子，那也没什么关系，你看到了他的态度，这些过程足以让你心动。

往后的日子里,她真的把男朋友当成了老公来对待。每次他打篮球,她都站在一旁,手里随时拿着为他准备的水,只要他渴了就递上去;他的脏衣物她都拿回宿舍洗,男生的衣服又厚又大,沾了水就会变得特别沉重,宿舍里明明有洗衣机,可她偏要手洗,说这样有诚意!

我们都说她做人太实在。

"你先拿洗衣机洗,再告诉他是用手洗的,谁又能知道呢?"

"不能骗他,因为长久的感情是不允许有欺瞒的。"

她想跟他踏踏实实地走下去。

如果她男友知道这些,应该会感叹:"有女如此,夫复何求!"

在我看来,他们的感情能够长久地甜蜜,直到一辈子。他们之间没有欺骗,彼此都很透明。每次放假回来,她会把生活中的小事都跟他叙述一番;他也是,把日记爽快地交给她看,事无巨细的,像在打报告。我总能看到她抱着个本子窝在床上津津有味地看着,时不时地笑一笑,后来才知道原来那是他的日记,怪不得能让她美成那样子呢!

这一幕幕多像小说里的情节!男主为了女主,摆脱一身痞气,认认真真地学习;女主为了男主节衣缩食,从公主摇身一变成为家庭小能手。

那时他们是全年级的模范情侣，就连老师也非常看好他们，都觉得两人最后能修成正果。

毕业后，我到武汉工作，与他们的联系渐渐变少，偶尔会跟她视频通话，每当看她春风满面的样子，我就知道，她跟体育委员的生活一定很甜蜜。她一副小媳妇样儿，我也经常笑她，她总是美美地跟我说，什么时候她见了他父母，又什么时候他父母送她礼物等等。

不久，她就跟我提起了订婚的事情。我说，可等到你们俩订婚了，到时候我一定送你一份大礼！

接下来的日子就没有了联络了，我以为是他们在准备订婚事宜，太忙了，没时间再来找我。

再联系到她，就是她给我发短信说要自杀的时候。

我深知这段感情对她的影响，好几年的恩爱情侣能走到这一步，过程必定曲折不堪。

我打通了她的电话："你想离开这个世界的时候，最后联系的人是我，说明我对你来说很重要。那你能告诉我，为什么你要如此轻易地放弃自己的生命吗？"

她给我讲了一个长长的故事，从他们毕业时的幸福，到最后的分手。

刚毕业时,大家都面临着找工作的压力。他太过年轻,常常看不惯单位同事的虚伪,更看不惯老板的目中无人,于是频繁跳槽,始终也没有找到令他满意的工作。

她在学校时每年都能拿到奖学金,再加上老师的极力推荐,所以刚毕业就顺利地进入了一家国企,只要通过试用期考核,她就能有一份工资满意又稳定的工作。

他看到她在工作上一帆风顺,而自己却屡屡受挫,心里更加烦躁,于是不愿意上班,也不想去找工作,就连每个月一千五百块的房租,也都是由她来承担。当然,她并不认为这样有什么不好,甚至她还为他开脱,"他只是一时没走出来这个逆境,时间长了总会好的。只要他愿意出去上班,他一定会比从前优秀"。

爱情的魔力确实让人吃惊,即便是再普通的人,只要你喜欢,他就是优秀的,哪怕他的一举一动跟其他人并没有什么不同,可在你看来,他就是与众不同。

有一次她无意间登录了他的QQ,本想立刻就下,结果有人恰巧发来了抖动窗口,她看到了对方发来的消息,发现了端倪,随即便不由自主地看了聊天记录——他出轨了。

她本不忍拆穿,本想只要能过得下去,她也不是不能将就的。

可是后来，他夜不归宿的次数越来越多，从最初的一两天发展到最后的一个月。

她终于忍不住问了他，他倒是全坦白了，觉得自己配不上她，跟她在一起压力太大。最后，他们的感情还是以分手告终了。

分手之后，他立马就搬走了。

可能他觉得她对他太好，所以在等她主动说分手，觉得这样就能减轻对她的伤害。

她一分手就从单位辞职了，回到家里把自己反锁起来，越想越伤心，觉得自己付出了很多，期待了很多，努力了很多，到最后却什么也没换回来。

其实人生道路很漫长，谁能保证自己做的每一件事都能得到想要的回报？谁又能保证只要努力过，就一定会有自己期望的结果呢？

有些事情不是努力就能得到自己想要的结果，特别是感情的事，往往努力了很久，最终却因为一些小事而导致不可逆转的结果。非人力所能扭转，也没有是非对错，就那样轻而易举地把两个人共同的努力付之一炬了。

人生就如一条奔流不息的河，不可倒流，又不能停止前行。

失望能让人懂得怎样保护自己，疼痛也会让人懂得如何爱与被爱。

拥有美好的时候，我们总觉得美好不够多，不足以令自己满意。你想牢牢锁住他，恨不得拿个绳子将他捆绑住，从此再也不撒手。你为他做什么都觉得很开心，总想对他好一些，再好一些，以为这样那个人便再也不会离开你。

可是你却忘记了，人的感情不会一直停留在原地，他可能会比从前更爱你，也可能会变得麻木不仁。他会将你的付出当成一种习惯，渐渐地感觉一切都理所当然。

你曾以为他是你的所有，所以当他逃离你的世界时，你觉得整个世界都坍塌了，把你困在里面，无法脱离。

其实，困住你的不是别人，正是你自己，你总感觉没有了他就活不下去。人们太容易沉浸在痛苦中，一直带着痛苦往前走，它使我们变得渺小，变得懦弱，变得憔悴不堪。

为什么不能勇敢一些？试着将他忘记，忘记一个人，并没有你想象中那么难。最孤独的时光可以塑造出最好的一个你，然后你便可以云淡风轻地笑着对旁人说起那些过去。

你终会明白，他并不能构成你的全世界。当我们回过头去看的时候，应当笑着回忆那些令人难过的事。它教会了我们成长，让我们懂得，成长意味着会流泪，会痛苦，然后我们才会变得坚强，变得独立。

这一切的一切，都使你成为最好的自己，也是你不可缺少的历练。

现在的你，或许正遭受着失恋的痛苦，但过不了多久，你就会发现这其实没有什么大不了。很少有人能只谈一次恋爱就成功地走进婚姻的殿堂，那个人既然不爱你了，你何不就此潇洒地转身？无谓的纠结就是在浪费生命。

也许，在未来的某一天，再次遇到那个人，你会对他说："谢谢你，让我成为了现在的自己。"

尽管你们最后没能走到一起，但在最美的时光里，曾有他陪你走过，这就足够了。

每天的太阳都是新的，你也该是时候迎接一个崭新的自己了。

你要相信，自己值得遇见比他更疼你的人，值得拥有比现在更美好的人生。

你需要走向下一站的幸福，带着你的笑容，骄傲地对下一个让你心动的人说："这一切，都刚刚好。"

愿 这 世 界 始 终

待 你 温 柔 如 初

远方还有人想着你

　　有段时间，我特别讨厌回到自己的住处。因为那时我一个人住，没有亲人和朋友的陪伴，总会感觉有些孤单。但无论我在外面游荡多久，夜深时终还是要回到那里。

　　有一次我去星巴克喝咖啡，旁边座位上的一个女生正在打电话，好像是打给她远在外地的男朋友的。全程女孩都是眉开眼笑的，声音欢快甜美，不像很多异地恋情侣那样，通话时总带着几分幽怨。

　　最后，女孩以一句英文结束了通话："You are living there in a

distant land, but I feel that you are so close, cause you are also here, right in my heart ."（你虽然漂泊在异地，但我依然感到你离我很近，因为你一直都在我心里。）

手机放下后，女孩好像发现我在看她，转过头对我笑了笑。我也对她笑了笑。

"在和你男朋友打电话？"我突然对她很感兴趣，开口问道。

"是啊。"女孩笑着说。

我们一边喝着咖啡，一边聊了起来。

原来女孩和男友是大学同学，在学校里就已经开始谈恋爱，本来准备毕业后就结婚的。没想到他们最后因工作去了不同的城市，一个在南方，一个在北方，相隔千里，见面不便，结婚的事也就这么耽搁了下来，两人开始了漫长的异地恋。

"你们不在一起，你不会觉得孤单吗？"我问。

"不会啊，虽然我们不在一个城市，但我知道他在想着我，我也在想着他，我们的心是在一起的，所以我依然觉得他就在我身边。"女孩说道。

好乐观的一个女孩！

是啊，一个人独在异乡的时候，也会感到无依无靠，但想着远方还有人想着你,惦记着你,也就没那么孤单了。无论这个世界怎么荒凉,总有人能驱走你的寒冷。

假如你失去了在乎你的人

2014年,马航MH-17客机在乌克兰被击落,遇难人数达二百九十八人;中国台湾复兴航空GE222航班失事造成四十八人遇难;阿尔及利亚航空AH5017航班在马里坠毁导致一百一十九人罹难;而最为震撼的是,马航MH370神秘失踪,造成二百三十九人下落不明……

我不由想到汶川地震时,镜头记录下的那一张张哭泣绝望的脸,以及夹杂着的撕心裂肺的哭喊声……

有一天,当这个世界不再美好,牵挂你的人离你而去,那些欢声笑语眨眼间沦为不可触碰的曾经,我们该怎么办呢?

闺密老爸去世时,她忽然像是变成了另一个人,沉默寡言,也不再与人来往。大约过了一年,她才渐渐好起来。为了庆祝她回归正常,我和她偷偷地买了啤酒,放学后躲在教室里对饮。

她跟我说起自己是如何走出那段悲痛的:

那是在一次整理房间时,她发现了老爸写的日记:"我的乖女孩，无论何时，你都要勇敢坚强，无论发生什么事情，都要把生活过得很美好。"

看到这句话后，她抱着日记本大哭了一场，然后擦干眼泪，收拾心情，重回生活的轨道——她不想让爸爸失望，尽管他已经不在了。

对这件事，我感触颇深：无论你现在有多痛苦，无论这世界对你有多冷酷，爱你的人都希望你能够过得好。尽管有时候，他们已经永远离开了。

想想他们生前爱你的灿烂笑容吧！他们离开了，你可以难过，可以悲伤，却不能陷入其中难以自拔。

尽量保持你原有的模样吧！用你的乐观、勇往直前、自信与骄傲，来把日子过得更好，才是对他们最好的祭奠。

他们虽然不在了，但你的生活还要继续，你只有抬起头走下去，才能走出阴霾，重见阳光。你对生活微笑，生活才能对你微笑。

也许你正在某一个角落哭泣，请不要太伤心，相信这一切都会过去。勇敢走出第一步，你就会知道，走出来没有想象中那么难。悲痛到不能再悲痛的时候，心自然就会坚强起来。不论你是有亲人和朋友的陪伴，还是独自支撑，最终都会度过这段难熬的日子，只要你肯挺过来。

逛街的时候，碰到有人在做课题调查，在调查表上有道题：假如你明天醒来，发现自己失去了所有在乎的人，你会怎么办？

我在上面写道：痛痛快快地大哭一场，然后带着勇气与微笑继续前行。

我要嫁，你敢不敢娶？

他的脸说变就变，而且来得毫无预兆。前一秒他还笑着跟我说今年要升职了，下一刻就变得沉默起来。

我问他："怎么啦？"

他说："你等等，我给你发张照片。"

过了一会儿，我收到一张五年前上学时拍的照片。照片里的她笑得甜美，正依偎在他肩上。之所以把时间记得如此清楚，是因为拍照片的人正是我。

他的声音有些哽咽："玲子，她要嫁人了。昨天晚上我还在梦里牵她的手，一起逛着她最喜欢的那条街，给她买最爱吃的巧克力……早上醒来嘴角都挂着笑，却突然收到她的结婚请柬，一切美好都成梦幻泡影。"

他并不是健谈的人,那天却跟我说了整整一天,句句都是关于她。人的记忆库如此庞大,那么多往事,他竟然每件都记得如此清楚。

这感觉如同你在看一部很温馨的电视剧,却忽然断了电,来电之后,你重新打开电视,电视剧已经结束。

只有失去了才最美好,只有得不到才最遗憾。

他长久地沉默着,许久之后忽然来了一句:"玲子,换作是你,遇到一个对你好、愿意嫁你的女人,你会毫不犹豫地娶了吗?哪怕是事业最紧张的时候?"

她曾经当着我们的面问他:"我要嫁,你敢不敢娶?"

他们在一起整整五年,她对他的好,大家有目共睹。

她陪着他一起走过从无到有、从艰难到富裕的日子。她想要一个家,可他当时却一头扎进事业里,不愿意过早地成家。

只是没想到,那一次的拒绝竟然造成他们感情的终结。

我想也没想地回答他:"如果我遇到那样一个人,一定会娶的。"

当生活给你一百个理由哭泣时

有时候人会变得很奇怪,脑子里装着乱七八糟的想法,做着连自己都觉得不可思议的事。明明不喜欢喝咖啡，可后来竟也迷上了这种苦香的味道。明明最讨厌穿大红色的外套，可后来衣柜里却也出现了大红的T恤衫、大红的裙子、大红的帽子，就连手链也变成了大红色。

这些变化，让你十分不解。曾经不喜欢的东西也可以变得很喜欢，曾经讨厌的东西也可以慢慢地去接受。变与不变，接受与排斥，往往只在一念之间。

原来要改变，并不需要多么煎熬的过程，只需要一个恰到好处的契机。

有段时间我经常做奇怪的梦，梦见自己走在一条辨不清方向的路上，来来回回走了很多遍，却依然找不到出口，我蹲在原地，急得都要哭了，挣扎着醒来，才发现那只是个梦而已。

有时我们觉得生活找不到方向，看不到出路，急得在原地徘徊，一度陷入走投无路的境地。其实那是我们将生活看得太重的缘故，要学会放下，或是把精力转移到你喜欢的事情上，没准哪天路突然就出现了。

事无绝对，你以为不可能的，或许未来就会发生。你不要着急，只要静静地等着柳暗花明就好。

当生活给你一百个理由哭泣时，你就拿一千个理由笑给它看。那些让你无法忍受的伤痛终会痊愈，你以为忘不了的人迟早也会被你遗忘，刻骨铭心的记忆，总有一天会变得模糊不清。

　　一切都会好起来。你曾对生活失望，也曾抱怨过世界对你的残忍，但生活就是好与坏不断地变换着的万花筒。失望、抱怨、惊喜、意外，这些在未来的日子里，还会继续陪着你走下去。

　　愿这世界始终待你温柔如初。

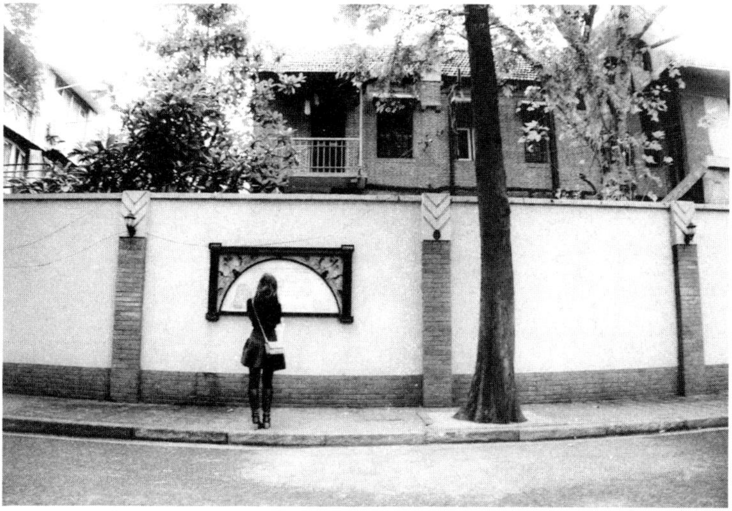

哪怕是最没有希望的事情,只要有一个勇敢者去坚持做,到最后就会拥有希望。

——俞敏洪

第二章

梦想这条路踏上了,跪着也要走完

认真的孩子，
运气不会太差

有个人反应出奇的慢，在我印象中，从小到大，他一直是我们开玩笑的对象。小时候玩游戏，他永远都扮演猪八戒。

那时候他总是问："为什么我一直要演猪八戒？"

我们答："因为你做什么都慢。"

只是在后来，我们谁都没想到，这个一直掉队的人，却有一天超过了我们。

据说大头刚出生的时候，他爸爸只看了一眼就放下了。

因为他脸上有一块很大的胎记，本来就长得不好看，这下就更丑了。

好在大头小时候很乖，虽然是个男孩子，但比女孩子还懂事，所以减轻了一些他爸爸对他不喜欢的程度。只是送他上学的时候，他爸爸看见那些漂亮的小孩子，再看看大头，总摇摇头，转身回去。

大头长得丑，吓坏了我们班好几个女孩子。一开始大家都不愿意跟他玩，有什么活动也不喊他参与。后来老师说："你们不能让他落单啊，同学之间要团结友爱。"大头这才加入了我们的队伍。

也就在这个时候，我们发现，他不仅长得丑，反应还很慢。不管跟他说什么话，他都要自己理一遍，没有三两分钟，他就明白不了。

那会儿的小孩，爱看《西游记》。猪八戒笨笨的样子，跟大头实在像极了，加上孙悟空经常喊八戒"呆子"，我们也给大头起了个外号：大头呆子。

大头开始还对这个外号抗议过，只不过抗议无效，最后连他自己都承认了。

"大头呆子"这个称呼，我们一叫就是十几年。

大头其实头并不大，只是从小到大，他爸爸总是让他留着短得不能再短的头发，所以他的头就显得比平常小孩的头大了那么一些。

关于头大这件事，当年我们也没少调侃。每次看见他，我们就起哄："大头大头，下雨不愁，人家有伞，我有大头。"

顺口溜一出来，传唱度十分高。没过多久，整个年级就都知道我们班上有一个大头。

有时候熊孩子们还跑来我们班上看，指着他说："哎，你看，他就是大头，不仅头大，人还笨……"

大头的成绩非常差，按我们老师的话说，他上完九年义务教育就行了，回家帮家里干干活，种种地，以后别饿肚子就行了。

大头当时正在做卷子，他从卷子里抬起头，很认真地看着老师："那我还有梦想呢！"

老师问他："你的梦想是什么？"

大头："做个会计师。"

老师还没说什么，同学们就哈哈大笑起来。

大头纳闷地看着我们，不知道我们笑什么。

我们笑他傻啊，连个方程式都解不好，还想做会计师，不是天方夜谭是什么？

在我上初中那会儿，高中还不像现在这样普及。我家在石河子，说出来肯定很多人都没有听过。封闭的小城市，教学条件也没有那么优越，就算老师教得再负责，仍然有很多学长学姐没考上高中，转而去上技校。

轮到我们上初三之后，平时再不努力的人，也变得格外努力。这些努力的人中，就有大头。

有些人天资聪明，尽管学习成绩很差，只要稍微努力一下，成绩提高得就很快。可是有的人，就算平时再认真，也一直不见成效，就比如我们的大头。

八次模拟考试下来，大头的成绩一直没有进步，仍然是班上倒数几名。

眼看着还有几个月就要中考，那些"差生"已经被大家定性为中考落榜生，这些落榜生中，就有大头。

又一次模拟考试，数学卷子发下来，大头只考了五十分。我们都以为大头这次肯定会失落，他本身就已经够努力，之后又付出了比平时更多的时间去复习，如果换成我们，我们早就受不了了。可是他却拿着卷子"嘿嘿"直笑。

傻了吧？虽然我们平时没少欺负他，可是在紧要关头，我们也很关心他。

大头拿着卷子朝我们晃:"看到没有,比上次高出了五分,我是有进步的。"

对,是有进步。只是这种进步在我们看来,根本不值得一提。

我们都劝他别拼了,好好享受没几天的初中生活,以后安安心心上个技校就行了。

他认真地说:"上技校怎么行?会计师必须得本科以上的学历。"

这是他第二次提起会计师这个词,距离上一次已经过去两年多。

在我们镇子里,根本没有会计师,有的最多是个初级会计。在我们看来,会计师那种"高大上"的职业,得是聪明绝顶的人才能做的,大头显然不是那种人。

于是他再次成为我们的笑料。

成为我们嘲笑的对象,他依然表现得不在意,仍旧和我们说说笑笑。该复习的时候复习,该吃饭的时候吃饭——他的生活从来不会任何原因而乱了脚步。

对于他这种状态,我们给他了一个评价:说好听点,叫活得自我;说难听点,叫作冥顽不灵。

然而他听了我们的评价之后,依旧没有改变他的想法。

后来,我们索性不说了。

他这么固执,将来总会后悔的,在那个时候,我们都是这样认为的。

不知道是不是老天特别喜欢跟大头开玩笑,后来的几次模拟考试中,大头总是比上一次考试成绩多出五分。

所以他又有了一个新外号:五分党。

对于新外号,大头早已见怪不怪。凭着每次进步五分的成绩,中考的时候他成功"逆袭",上了高中。

大头考上高中,成了他家的特大喜讯,通知书下来的时候,他爸爸在家里摆了一大桌子菜,宴请了家中亲朋好友。大头在学校没什么朋友,除了我们几个喜欢开他玩笑的,他连隔壁班的人都叫不出名字来。

于是我们自然而然地成了大头家的贵宾。

说是宴席,其实就是多炒了几盘子荤菜,同学们喜欢热闹,就单独凑成了一桌,大头坐在我们中间,笑得嘴都合不拢。

我们一边吃饭一边问他:"还想着做会计师呢?"

他回答得干脆利落:"想。"

我们一桌子人哈哈大笑起来，作为我们初中部里以最后一名考上高中的"学渣"，还想着做会计师，真的是太好笑了。

大头反应很慢，可是每次他说想做会计师的时候，都能听见我们哈哈大笑，久而久之，他也明白了我们这种笑意味着什么。

那天他涨红了脸，似乎想说什么，最后却什么都没说。

只是从那以后，他再也不说做会计师的话。

我们意识到这样的笑，让他心里感到难过，却不知该说什么来抵消之前的过错。

就这样，我们各自抱着心结度过了高一的时光。

大头依然学习很吃力，各门功课都在及格线徘徊。

常常听他的室友说，大头每天晚上学习到很晚才睡，有时候半夜起来上厕所，还看见他在走廊里熬夜看书。

那一刻，我们被他打动了。

能够坚持做一件事，一天两天很容易，可是十几年如一日，却很难。需要的不仅仅是毅力，还要有不怕失败的精神。

大头为了将来能做会计师，在学校里，承受过一次次的打击，可是从来没有想过要放弃。如果不是把会计师当成了梦想，怕是早就放弃了吧！

梦想这种事，可以很大，也可以很小。有的人想做医生，有的人想当科学家，也有的人想飞奔月球，我们听了这些梦想，从来没有去嘲笑过。可到了大头想做会计师这个梦想，我们却偏偏嘲笑了。

在这个世界上，所有的梦想都应该被尊重。

我们无法开口向大头道歉，却可以帮他离梦想近那么一点点。

身边几个人，擅长的科目各有不同。大家一合计，将所有的科目都包下来，分时间给大头课外辅导，每个人都开始当老师，给他划重点、出模拟题。

一向反应迟钝的大头，明白了我们的用意所在，拍了拍我们的肩膀，对我们说："好兄弟！"

带着他学习的一年里，我们所有的耐心几乎都已用尽。到了高二之后，科目越来越难，连我们都有些吃不消，何况反应迟钝的大头。

刚开始，我们这几个人，学习成绩都算中等偏上，渐渐地，有人熬不住枯燥无味的应试教育，渐渐开始上课走神开小差。再后来，大头的课外辅导，我们也帮不上忙了。我们都以为大头的成绩肯定会直线下滑，谁知他依然在及格线徘徊。

也许是认真的孩子运气不会太差，高二之后，他的成绩就没有不及格过。到了高三，他已经超过了我们。

因为他以前学习的时候没有偷工减料,所以他的底子扎得特别稳,在高考复习的时候,他并没有费多大的力,成绩在班上名列前茅,直奔一本分数线,被列为年级重点培养对象。

他现在的成绩,对我们来说是可望而不可即。曾经我们都认为,他高考肯定是倒数的第一名,却没想到这个倒数第一变成了正数第一。

时间让人改变了好多。曾经,大头总是我们嘲笑的对象,我们会拿各种卷子上的难题让他解答,喜欢看他做不出来抓耳挠腮的模样。不过弹指一挥间,我们的角色早已互换。

那个"呆子"的外号,我们谁也没有再提起。

高中毕业后,聚会上,有的人中榜,有的人落榜,大家都知道这一顿是散伙饭,以后就要各奔东西,所以一边喝酒,一边畅所欲言。

借着酒劲儿,班上的同学把大头从椅子上推起来,非要他说几句话,谈一谈从"学渣"成功"逆袭"成"学霸"的感想。

大头不善言辞,想了半天,终于憋出了一句话:"我走得很慢,但从来都没想过放弃。"

然后又扭头看着我们几个发小,对我们说了声:"谢谢。"

我们走过去,有人捶了他一下:"好好干,你能行的。"

上了大学之后，我们学会了浑浑噩噩，经历过折磨死人的高考后，整个人都松懈下来。只有大头依旧跟上紧了的发条一样，仿佛不知疲倦地不停转动。

后来，有了新的朋友圈子，跟发小联系得越来越少，只是听说，大头家搬走了，以后就几乎断了联系。偶尔听说他拿了学校的奖学金，参加过学校里的会计技能大赛，又听说，他是他们那个大学的校草，很多女孩子都暗恋他。至于前者，我们都深信不疑；而后者，我们都当听了个笑话，一笑了之。

再后来，多年没见的大头忽然回老家过年，跟我们发了信息，说要一起聚聚。

再次见到大头，我们几乎快要认不出来。这个曾经头发短得贴着头皮的大男生，现在将头发留长了许多，刘海遮住了额头上的胎记，脸上总是笑眯眯的。此时细看，才发现他笑起来的时候，脸上有浅浅的酒窝，看上去竟然十分可爱。

原来大头一点也不难看，真的有当校草的气质。

换了发型，我们都不好意思再叫他"大头"，直接喊他的名字，他倒有些不习惯了。聚在一起吃饭，我们问他，当年那么想做会计师，现在还在想做吗？

他点点头，说正在为此努力。

我们问他，听说本科学历的，工作要满四年，才有资格报考中级会计师，他岂不是要再熬好几年？

他微微笑了笑："这么多年都坚持下来了，再坚持几年又有什么关系呢？"

在那个时候，我觉得他浑身都在发光。

2015年，他来武汉出差，顺道来看我。

我问他："你考上中级会计师了吗？"

他反问："你猜？"

三四年没见，他竟然学会了反问。看他神采奕奕的样子，肯定是考上了。

在星巴克里，我们天南地北地聊了很多，他从当年不善言辞的青涩少年变成了睿智幽默的成熟男人，现在的我，真不敢将他跟"大头"这两个字联系在一起。

分别的时候，我去机场送他，顺便问他，可不可以将他的故事写进我的书中。

他问："为什么？"

我说："因为所有的梦想都应该被鼓励。"

他立刻反应过来我的话是什么意思，他早已不是那个反应迟钝的少年，点头答应下来，又补充："如果要写我的故事，那还是叫我'大头'吧。"

我表示不解，明明他有一个很好听的名字，为什么要用"大头"这个外号。

他说："因为我很怀念它，怀念那个其貌不扬、反应很慢，却一直拼命努力的自己。"

后来，在每次遭遇不顺心的时候，在每个被人质疑的瞬间，我都会想起大头，想起大头经历过的事。

现在的我，过得不好也不坏，心里的那个梦想，一直离我不远不近，但我从来没有想过要放弃。我可以再多吃一些苦，可以再熬一段时光。心中有梦，就可以以梦为马，一点点地朝前走。就算前进得很慢也不怕，聚沙成塔，积少成多，终有一天，我想要的都会拥有。

你的世界一直很美好

那天，我和大学同学在QQ上聊天。他感慨："最近总是不开心，上学那会儿，很小的一件事都能让我高兴半天，可现在却很难再发自肺腑地笑了。"

他的这番话也勾起了我的记忆。那时候，学校离家有六公里远，我每天需要骑自行车上下学。上学路上要经过一个山岭，初春时节，岭上开着不知名的野花，时不时有蝴蝶飞来。有时我心血来潮，就将自行车丢在路边，跟小伙伴一起去抓蝴蝶……

我已经很久没有骑自行车，也很少像小时候那样肆无忌惮地笑了。

现在的我，每天乘公交上班，但即使周末去野外骑骑车、抓抓蝴蝶，恐怕也找不回当初的快乐吧？

也许每个人都有过这样的感受：小时候轻而易举就能获取的快乐，现在已经越来越难打动我们了。有人说，这是因为我们长大以后，变得贪心了。

真的是这样吗？

过年跟发小聚在一起吃火锅，有人提到幸福指数的话题，DS笑眯眯地说："最幸福的非我莫属了！以前我想做老师，就报了师范学院，后来顺理成章成了老师。你们不知道，那帮孩子有多可爱，我是恨不得一下子把他们都教会！"

DS的一脸幸福让我们羡慕不已，人生最得意的事，不正是想要的已得到吗？正当我们纷纷表示羡慕时，佳佳说："那算什么，我用了两年时间就游遍了中国，你们谁有我幸福？"这下我们都安静了，游遍中国正是我们这帮爱旅行的人梦寐以求的事情，她已经做到了。

看得出来，人家的日子过得很滋润，这很容易让我们心生羡慕：我们本来也可以和他们一样的，现在却只有嫉妒的份了！于是不免纷纷悔不当初起来：

当初选择学会计，是因为更容易找工作，虽然耐着性子去学，但单调的工作让自己觉得并不开心。

当初选择做编程，是因为这份工作赚钱多，结果现在常常需要加班，远离了朋友，越来越孤僻。

自己不喜欢交际应酬，却迫于现实，在酒桌上频频举杯，逢场作戏，说一些违心的话，太分裂了。

自己拥有稳定的工作，拿着丰厚的工资，现在拥有的，好像是很多人梦寐以求的，可自己知道，这并不是自己想要的生活。

假如有"月光宝盒"，很多人宁愿时间倒流，重新选择另一种人生……

就这样，我们因为羡慕别人的幸福生活而心绪烦乱，觉得老天很不公平，为什么给别人敞开了所有的门，却没给自己打开一扇窗呢？

如果当年我们也曾勇敢地去追求自己想要的生活，是不是现在真的会不一样呢？

可是生命中没有"如果"，我们不可能回到过去，也不可能重新选择。

于是我们哀叹，我们悲伤，我们捶胸顿足。

可事实真的是这样吗？

乐乐曾对我说："当你因为得到的不是自己想要的而伤心郁闷时，不妨换一种心境。既然你不能改变现状，不妨尝试着去改变自己的心态。"

"你好像很有经验啊！"

"前阵子我想考研，奈何家里却逼着我找工作，最终我只好妥协。坦白说，刚上班那会儿，我很嫉妒那些读研的同学，后来我想开了，谁能保证那些读研的同学将来就一定能找到理想的职位呢？只要想学，随时随地都可以学，又何必拘泥于形式呢？自学成才的不也大有人在嘛！"

换一个角度、换一种思维看事情，你的心情会豁然开朗。如果你并不喜欢自己现在做的事情，不妨想想，这正是别人想做而没有机会去做的。已经得到的，更应该珍惜，现在所拥有的，是属于我们自己的财富，当下既然很好，为何还要因羡慕别人的生活而愁眉苦脸呢？

我们都不是小孩子了，不能因为喜欢一颗糖果就丢掉手里的西瓜。孰轻孰重，每个人心中自有答案。既然无法改变现实，不如学会坦然接受，也许会有意外的收获。

有一次经过长江大桥的时候，看见波光粼粼的水面映着斜阳的余晖，我觉得这景色无比美好，甚至比童年追逐蝴蝶的感觉还要好。其实每天上下班我都经过这里，却从没留意过它的美丽，而如今发现它的美丽，只是因为心境发生了改变。

现在的生活，并没有你想象中那样糟糕。无论是想要的，还是已得到的，它们本来就很美，我们缺的，只是一双善于发现的眼睛。

不要因为一点儿不顺心，就急着抛开眼下已拥有的一切，去追逐你眼中别人的美好生活。其实，那些所谓的美好生活，未必如你想象中那么舒适。与其空想，不如活在当下，好好珍惜现在所拥有的。

有句话说得好：理想很丰满，现实很骨感。也许我们不能去改变外面的世界，但却可以做自己世界的掌舵人。你的世界里是顺风顺水还是波浪滔天，完全取决于你自己。你想要怎样的世界，你就可以拥有怎样的世界。

生活就像一面镜子，你对它微笑，它就会对你微笑。你以怎样的眼光去看待这个世界，这个世界就会回馈给你什么。

不必去羡慕别人的生活，要知道，你现在的生活，极有可能就是别人眼中的好生活。当你换一个心境去看待眼下的生活，就会发现，你的世界一直很美好。

让我们成为自己的英雄

生活中最让人感动的日子,一定是那些一心一意为了目标而努力奋斗的时光。

去年冬天回新疆老家过年,有一次跟大家聚在一起,酒至微醺,就连平日里沉默寡言的人也都话多起来。热烈的气氛中,有人忽然猛地拍了下桌子,高声说道:"我现在特别后悔当初留在这里!"

原本欢快的气氛,因为这句话,顿时变得沉重起来。

拍桌子的人转过来看着我说:"你都不知道我有多羡慕你!"

羡慕我什么?大概是羡慕我只身一人去武汉,不需要再面对父母的碎碎念,能够尽情地做自己想做的事情吧?可是,他只看到现在独立自主的我，却从未目睹过曾经迷茫消沉的我。

我们往往只看见别人闪闪发光的一面，却没看见别人背后暗藏的寂寞心酸。

我一把夺过他手里的酒瓶，劝他不要再喝了。就像所有喝醉的人一样，为了证明自己没有喝醉，他拿起旁边的酒瓶又仰头"咕嘟咕嘟"地喝了起来。

我们自小一起长大，我对他了如指掌。当年填报高考志愿时，他跟我一样都想报外省的大学，后来由于家里人的反对，他最终选择了留在家乡。

他就读的学校离家很近，只有两三站路的距离。我也曾羡慕他每天都能吃到家里可口的饭菜，所有的生活琐事都由父母打理。那时候他跟我说得最多的就是，你要是也留在家乡，现在就不用在外面吃苦受罪了。

毕业后他顺利进入家里安排的单位上班，而我却从一个城市辗转到另一个城市。

他也曾问过我，为什么一定要选择出去呢，难道家乡不好吗？

我的回答是，我不想让未来的自己后悔，因此想趁着还年轻，还有勇气，出去闯荡一番，去看看外面的世界，去体验不同的生活。

熟悉我的人都知道我有着自己的坚持，不了解我的人却总是喊我疯子，并且在背后说，瞧着吧，总有一天她会灰头土脸地回来的。

这其中不乏冷眼旁观的、冷嘲热讽的，甚至幸灾乐祸的，就好像我出去为自己的人生闯荡，是一件多么荒谬的事情。

他却经常在电话里安慰我："别逞强，要是有一天累了、倦了就回来，我们都欢迎你。"

在陌生的城市独自闯荡，随便谁的一句安慰话，都会让我感到温暖。他的安慰实实在在让人鼻子发酸。挂断电话后，我哭了很久很久。可是哭过之后，该面对的还是要面对，该解决的还是要解决。

没有人知道，初来乍到的我，有多么不适应陌生的武汉，我感觉快要坚持不住了，我也知道只要我回去，他们都在那里等着我，我想要的温暖、想要的安稳也唾手可得。

故乡纵然足够美好，我的梦想却不在那里。为了我心中的梦想，我愿意再熬一段时光。哪怕这会让我越发见识到世界狰狞的一面，可我知道，它将会是我生命中值得咀嚼的岁月……

那天，饭局散场后，我扶着醉醺醺的他往回走，他忽然无比认真地问我："当初我们都有梦想，但为什么你在朝着梦想的方向前行，我却选择了舒适安逸的生活？"

一时间我不知该怎样回答他，怕回答得不好，会伤害他的自尊。就在我犹豫之际，他自言自语道："因为我懦弱胆小，怕出去了会受伤，会颠沛流离。"

然后他挣开我的手，独自往前走去，路灯将他的影子拉得很长。曾经的他意气风发，而此刻却多了几分落寞。

你曾想要去闯天下，却因别人的劝说而放弃了。可是，你都没有尝试过，怎么能轻言放弃呢？

从新疆回来，我继续投入到忙碌的工作与业余创作中，按照流行语来说就是"日子忙到没朋友"。我通常是下了班就赶回家写稿子，有时候灵感来了，连晚饭都顾不上吃，写完稿子，往往已是深夜。

有段时间因为压力太大，我整个人瘦到只有四十公斤。每次给家里打电话，最怕妈妈问我当天吃了什么，因为我总要绞尽脑汁编个菜名给她听，以示我的小日子过得很滋润。可实际上我多半以泡面充饥，甚至有时因为埋头写稿，整天都顾不上进食。

很多人问我，既然在外面那么辛苦，为什么不回去？

我说，那是因为有一个叫作"梦想"的东西在拉着我前行，它能让我变得与众不同，让我活出自我。

人生只有一次，能闯的岁月，只有一段。有了想法，请勇敢去做，因为只有做了，你才有机会实现自己的想法，才可能让自己感觉一生别无遗憾，才能测出自己的实力，才能真正发现自己、实现自己。

有一次，我在微信朋友圈里发了一张我与自己的书的合影，并写道："有多少人实现了当年的梦想？"作为回应，朋友们都纷纷拍照上传到朋友圈。

那个当年想要去国外旅游的人，他的照片背景是水城威尼斯。

那个当年想要自己经营公司的人，他的照片背景是自己创立的公司。

那个当年想要成为医生的人，他的照片背景是医院。

……

敢做梦的人，总会遇见圆梦的机会。相信自己，敢闯敢拼，才有可能成功。

想到和得到之间，还有一个词：做到！只有勇敢奔向梦想的人，才有可能成功。那些只是远远观望而不采取行动的人，到最后连做梦的勇气都不会有。

小佳总是不厌其烦地跟我聊很多她想要做的事情，我听得头晕，便问她:"在这么多事情当中,你最想做哪一件呢?"

她纠结了半天,很诚恳地看着我说:"什么都想做,哪一个都不想放下。"

我摇摇头说:"人的精力是有限的,你只有每次专注于一件事,才可能把事情做好;你如果同时做多件事,很可能一件都做不好。"

小佳听了我这话,不好意思地笑了:"道理谁都知道,可就是做不到,人在遇到选择时,就会犹豫不决。"

人面对选择会犹豫不决,是因为不知道自己真正想要什么,于是在犹豫中停滞不前,结果到头来一件事都没做成。

我对小佳说:"如果你实在无法确定自己最想做的事情,那就试试这个方法——闭上眼,最先想到的,就是你现在要去做的事。"

她用这个办法决定了去学日语。

再接到小佳的电话时,她那流利的日语开场让我误以为电话串线了,后来才反应过来,她这是在炫耀学习的成果。

她说现在看日剧完全可以不看字幕。因为她做到了最想做的事,所以很有成就感,整个人都变得开朗起来。临挂电话前,我问她,是否还打算做当年想做的其他事情。

她说:"多数愿望,往往只是模糊的、笼统的、不切实际的,当人清楚自己最想要什么时,这些愿望就会变得无足轻重了。"

此刻在看这篇文章的你,是不是也曾有很多想要去做的事情,也曾苦恼不知如何开始呢?

面对多种选择时,不要犹豫不决,不如就像小佳那样,选择一件你最想做的事,坚持下去,你便会明白,到底什么才是你真正想要的。一个人只有在自己最想做的事情上,才能始终如一地坚持下去,并付出百分百的努力。

昨天又接到在聚会上喝醉酒的那个朋友的电话,他说:"最可悲的,不是当初明明想要去远方,却留在了故乡,而是现在能够去远方,却失去了当年的勇气和决心。"

我问他:"如果能够重新选择,你会像我一样去漂泊吗?"

他那头沉默了一会儿,说:"如果能重新选择,我肯定会选择去远方,即使要吃很多苦,我也乐在其中,因为最起码为梦想奋斗过。可是我们都知道,时光不能倒流。所以,请你一定要在梦想的路上继续走下去,正是追逐梦想的勇气,让你光芒万丈。"

我坚定地说:"我会的。"

现在的我,未必足够勇敢,也仍然会感到孤单,可只要我想起当年来这个城市的目的，我就会在短暂的失落后继续打起十二分的精神。

  我知道，追逐梦想的道路从来都不是平坦宽阔的，唯有义无反顾、勇往直前，才能越过那些沟壑，看到繁花似锦。

  多数人并非没有梦想，而是缺少面对梦想的勇气。

  愿你能找到自己最想做的事情，让它点燃你的希望与热情，催动你的勇气和决心，不惧任何困难，坚持地走下去。

  不忘初心，方得始终。为了让你成为自己的英雄，加油！

不是得到的太少，
而是想要的太多

人不但要知道自己想要什么，还要知道自己能得到什么。人只有懂得知足，收起不甘心，享受现在拥有的一切，才能体会到幸福。

小艾说，曾经五彩斑斓的梦想，到最后一个个都成了肥皂泡，看着漂亮却一戳就破。

她在QQ上说这番话时，我正忙着一件着急的事。见我半天没回应，她火烧火燎地问我在做什么。我说在忙正事，她"哦"了一声后，头像就变成了灰色。待我忙完，问她还在不在，她很快回了一个"嗯"字。我感到她心情很不好，便拨通了她的电话，跟她聊了聊我的事情，但电话那头始终沉默。

良久，她忽然问我："为什么我过得越来越糟呢？"

话题变得沉重起来。

小艾是个自尊心很强的女孩。我们从小玩到大，她学习成绩比我好，长得也比我漂亮，在我们一起上学放学的路上，她的回头率总是远远超过我。我妈经常在我耳边唠叨："你要像小艾那样该多好，那我得少操多少心啊！"

只要有小艾在，她总会遮住我的光芒。她那时穿漂亮的公主裙，戴粉色的发卡，在我耳边说她喜欢哪一种类型的男生，以后想在哪个城市生活。听得我又羡慕，又憧憬。我那时想，要是我跟她一样就好了——人漂亮，学习又好，还招老师同学喜欢。

高中毕业后，我来了乌鲁木齐，她去了上海。

我们时常有联系，在学校，我依旧是个不起眼的女孩子，每天按部就班，过着"三点一线"的生活，而她已经是学生会主席了。那时她踌躇满志，在电话里畅谈自己的宏图大略，说要在上海闯出一片属于自己的天地。

那时候我觉得她一定行，因为她聪明、勤奋、勇敢、能吃苦。再看看我自己，平凡到连妈妈都对我不怎么有期望："不指望你出人头地，能过下去就行。"我看闲书，妈妈就说"总比别的孩子每天玩电脑好啊"。我尝试着写一些东西，妈妈又会说"只要别耽误你正事就行"。

正是因为我没被赋予太高的期望，无论是上学，还是工作，我总是能做自己想做的事，过自己想要的生活。以至于小艾忙里偷闲给我打电话时，我正窝在星巴克看着米兰·昆德拉的《生活在别处》。她总羡慕我潇洒自在，我笑着说："你也可以过我这种日子，只是你不甘心罢了。"

小艾的不甘心，源于她对现有生活的不满意，她想过得更丰富多彩，所以她越来越忙着学习、参赛……有次，她发给我一张照片，上面都是她的获奖证书。

她说她要做尖子生，要拿奖学金。

她说她要在上海安稳立足，要做事业上的女强人。

她说她要靠自己的双手闯下一片天，这样才不会辜负那些人对她的期望。

……

毕业后，我们久未联系，我一直以为她在为自己的未来打拼。后来，我才知道她又回到了最初的地方。

小艾回家后变得十分消极，曾经灿烂的笑容早已不见影踪。有次遇到她，我忍不住问："是什么消磨了你的斗志？"

　　她闷闷不乐地说："在上海生活太累，压力太大。"

　　我又问她："有多累呢？"

　　她说："每天上下班要挤地铁，一个月的工资还不够买一平方米的房子，还要加班加点争业绩……"

　　是很累，但这些是每个人都要面对的，并非只是她一人的经历。也许是她还不习惯在外闯荡的日子；也许是她以前的日子太过舒适，经不起这般折腾；也许是她努力到最后，发现离自己想要的生活越来越远。

　　我不解："你既然已经离开了上海，没有了生活压力，怎么依旧闷闷不乐呢？"

　　她说："可是我喜欢那里啊！"

　　我终于知道了她的想法，一方面想要逃离那种压力，一方面又怀念那个城市的繁华。这也是我们时常会面临的两难选择。生活很吝啬，很少给人以两全其美，有得到就会有失去。就好比当年高考填志愿，我为了容易就业，就报了会计专业，舍弃了我喜欢的文学。

　　小艾以为我从未有过挣扎，却不知我报专业时也曾犹豫痛苦过，好在我当时很快地调整了过来：文学兴趣可以自行培养，但会计属于专业范畴，必须有人教。想到这一点，我很快就下定了决心。

转眼间五年过去，我至今记得班主任的话："既然选择了它，就要坚定地走下去，不要忘记自己的初衷。"

虽然我不喜欢数字，却仍旧每天坚持地与它打交道。课余时间也不忘看些时下的经典好书，往往一泡图书馆就是一整天，还陆续在网上写些文章。后来，出版社的编辑"上门"约稿，我真正开始了自己第一本书的创作。

其实，弄清楚什么是你最想要的，远比急着做选择重要得多。

有时候我们以为做完决定就解脱了，然后迫不及待地去完成这个选择，到头来却发现，曾经以为的美满结局不过是美好的想象罢了。

小艾问我："为何你看上去那么无忧无虑，而我却愁眉不展呢？"

我对她说："一个人不但要明白自己想要什么，还要知道自己能够得到什么。人只有懂得知足，收起不甘心，享受现在拥有的一切，才能够体会到幸福。"

贪心是件很可怕的事情，它让你的欲望像泡了水的海绵，变得又沉又重，以至于你无法掂清它真正的重量。

人要明白自己的位置，记住自己的梦想与坚持。所以，现在的我从事着会计工作，业余时间写着自己喜欢的文字。这正是我曾经向往的生活。我之所以过得很幸福，只因我明白自己想要的是什么，同时也找准了自己的位置。

生活不会一帆风顺，每个人都会遇到各种挫折。我也会因为工作上的失误而受到批评，甚至还会被扣掉奖金；我也会因为不喜欢数字，而对会计的工作有抵触的情绪；我也会因为被编辑要求反复修改一篇文章而难过。但我不会永远消极下去，更不会轻易放弃。

在你们看到我网站同步连载的小说时，也许我正算着单位的账目，又或许你们拿到这本书的时候，我又开始了下一本书的创作。

也许有人会问："你是怎么做到在两者之间切换得游刃有余的？"

我只想说，你之所以会犹豫不决，是因为你想得太多。你担心做了决定后，万一得到的不是自己想要的。你不舍得放弃另外一个，所以才会挣扎，才会迷茫。

小艾对我说，她挺怀念上海的生活的。有天晚上她做了一个梦，梦到自己站在外滩看夜景，好像回到了刚去上海时的时光。

我笑道："因为你想要的太多，却又没有得到，所以才会心有不甘。你希望自己能在繁华的不夜城过着舒适的生活，可你又不愿竭尽全力去拼搏，自然离想要的生活渐行渐远。"小艾没有说话，这道理她当然明白。

我们往往一面羡慕别人多姿多彩的生活，一面自怨自艾，却从未想过为什么会成为现在的样子，以及如何去改变现有的不如意。

再见到小艾的时候，她又变回了当年那个积极向上的奋斗女。她正在学习茶艺，还特意给我泡了杯茶，我调侃道："在上海，估计你没时间学这个吧？"

她呵呵笑着，虽然对上海有万般不舍，但现在的闲暇，允许她重拾自己的爱好。生活就是这样耐人寻味，如果当初选择了另一条路走下去，也许现在的生活会是另一番景象。

既然过去已过去，不如现在走好脚下的这段旅程。在这个浮躁的世界保持内心的宁静，勇敢地面对得到与失去。

或许，这就是"得到与失去"的微妙之处。

生活不是偶像剧，满足不了你的期待

我的一个室友，不分昼夜地看着表面上看花样繁多、实则大同小异的穿越剧。有一天，我实在忍受不了了，对她说："看再多，你也不可能从现实穿越到古代，遇到个什么俊俏的阿哥，谈个千古奇恋什么的。"

哪知道我的这番话，非但没有对她起到半点作用，反而逗得她笑不成声，她讽刺我说："你除了会写点字什么也不会，跟不上潮流，早已跟现实脱节。"

按照她的解释，看穿越剧，既映射了小年轻对现实的诸多不满，又包含了他们对未来幸福的期许。剧情的喜剧设计让人们笑得轻松，转眼间就抛开了那些不愉快,将苦恼和困惑转化为积极的力量。

我承认,室友的话不无道理。我们确实对现实中的很多地方不满,却又无法改变现状。比如说,上下班时间拥挤的交通,地铁上摩肩接踵的人流……

在网上看到一则新闻,一个十二岁的小女孩,给家人写了封遗书,说是要穿越到清朝去跟皇帝游山玩水、赏月吟诗,然后跳水自杀了。她大概认为古代的生活会比现代的逍遥得多,也许是家庭给予的温暖和爱不够,导致她想穿越到古代寻求无限宠爱,以填补内心的空缺。

或许,正在人才市场的中徘徊的你,已经填了很多份简历,那些招聘人员每次都笑着对你说:"对你的表现很满意,请回去等我们的通知。"你回去满心欢喜地期盼着,却从来没有收到过他们的通知。

你有些绝望了,你认定自己的能力不够,连份像样的工作都找不到,你看着别人简历上写着很多技能,学历也比你高,经验也很丰富,你心里彻底没了底。

为什么不看看他们的年纪,怎么不想想,他们能有这些经验,有这样的技能,是因为他们在年轻时都曾努力过。如果你喜欢这个专业,就去学,不要抱怨自己被家里掌控了,要知道主动权一直都在自己手里。如果你想要做一份非对学历有要求的工作，那就去考，为自己想要的一切去努力。

或许，最爱的女友离你而去，她嫌弃你没有才华，也不够上进，充满了消极情绪。失恋让你痛不欲生，让你对爱情产生了怀疑：怎么爱情就敌不过现实，如此不堪一击？

等你冷静下来，不妨想想她说过的话，不是全没道理的。你没有一技之长，没关系，但你要懂得努力。你不努力，那么你就要保持良好的心态。你既没有一技之长，也不去努力，还浑身充满了负能量，请问哪个姑娘还肯跟你在一起，难道你真的舍得让心爱的人跟着自己吃苦受罪吗？

悲伤和欢乐是永远共存的。在穿越剧里，你看到的仅仅是生活的一部分，除了无忧无虑，他们也会遇到挫折，也会有压力。

生活毕竟不是偶像剧，它不能满足我们对未来所有的期待。我们不能因为遇到点儿不顺心的事情，就想着穿越到古代，那是一种逃避。

要说小青年追这种肥皂剧也就罢了，没想到妈妈竟然也看得欲罢不能。正当我准备给她老人家讲讲道理的时候，她瞥了我一眼，说："这种剧也就看看，用来排解一下心理上的压力。现实终归是现实,你再怎么想,也穿越不到古代。什么皇帝、阿哥,爱情比江山重要,什么郡主、格格,为了爱寻死觅活,都是戏罢了。回到生活,谁不知道填饱肚子比谈情说爱来得重要?"

我不禁感叹,姜还是老的辣啊!

同是看剧,每个人所领悟到的东西不一样。有人只是看个乐,图个消遣,一哭一笑就过去了,转天再问剧情,他很有可能一脸茫然;有的人会因剧情太过逼真而深陷其中,无法自拔;有的人是完全当作励志剧来看。

这种感觉也不能说完全没道理,电视剧中的女主角总是命途多舛,又是失恋又是患上癌症,从头到尾就没有踏实安心地过上一天好日子。可人家并不像我们那样,分个手、失个业,遇到一点挫折,就好似天都要塌下来一样。她们会强忍着痛,拼命求生,坚持自己的理想。

所有的努力,不是为了让别人觉得你了不起,是为了能让自己打心里看得起自己。人生不是一场戏,只有努力的人才配得到想要的未来。

看穿越剧只是一种自我安慰,切忌不可入戏太深。生活有欢喜,也有忧愁,你要明白,只要你勇敢地向前走,终有一天你会发现,阴霾也会有尽头。到那时,你才知道自己并没有想象中那么脆弱,原来并不是只有看穿越剧才能感受到快乐。最后,你的心会变得无比坚强、豁达和坦荡。

趁一切都来得及，
去做自己喜欢的事

朋友在微信上跟我分享了一个有关他邻居的故事。

那一年他们都在上高三，正是学业最繁忙的时候，大家每天都被作业压得喘不过气来。而这位邻居除了要完成作业以外，竟然还有精力和时间学练吉他。

当时他弹吉他的水平实在让人不敢恭维，曲不成曲，调不成调，已然成为噪音污染。刚开始大家看着他勤学苦练，纷纷竖起大拇指称赞他。没过多久，就有人受不了了。楼上的人实在听不下去了，登门劝说："再这样弹下去，恐怕就要挂上'扰民'的罪名了。"他脾气很好，非但不生气，还笑呵呵地答应对方再也不练了。

朋友以为他会就此放弃了，没想到，他只是换了阵地，改到附近的小花园里练了。朋友每次从窗口向外望去，都能看见他那孤单的背影。

"我也曾为他心急，既然没有天赋，为何还要如此辛苦，不由得为他感到担心，这样做到底值不值得？"

有次他们在学校遇到了，朋友问他："吉他弹得怎么样了？"他轻松地说："挺好的啊，一直都有进步。"

他兴奋地谈论着学吉他多么有趣，一边说一边比划着双手，朋友看到了他所有的手指都裹着白色的医用胶布。邻居"嘿嘿"地笑了，说是自己比较笨，别人学几遍就能掌握的要领，自己非要练很久才能学会，反复地练习，指腹就被磨成这样了。

朋友看着那些伤口感到胆战心惊，十个手指都缠着胶布，那得是多拼命，怎样的坚持才会受这样的伤啊！其实朋友当初也很喜欢吉他，但他在看到邻居惨不忍睹的"下场"之后，还是放弃了。再加上都在忙着准备高考，忙着应付各种题海战术，所以学吉他这事就成了他生命里的一个小插曲，转眼就忘记了。

直到上了大学，有一次朋友参加社团举办的联谊活动，看见一个男生正在台上表演吉他，才想起了邻居当年苦学吉他的事情，也好奇他后来还有没有将吉他继续练下去。

他趁着放假，专门去找了那位邻居。邻居给他弹了一首潘玮柏的《不得不爱》，让朋友刮目相看，那感觉简直就像是在听现场版的伴奏。

朋友跟我说，那天邻居的表现让他格外吃惊，除此之外，他还感到很后悔，更有那么一丝丝嫉妒。

"事到如今，你有什么好后悔的呢？你是没有跟他一样多的时间，还是没有他那个经济条件？是买不起资料书，还是买不起吉他？"被我这么一问，他不吭声了。

当初，你与他一样，都对吉他有着强烈的兴趣，只是因为看到他在练习吉他时受到了质疑，看到他十指受伤缠裹着胶布，你就早早放弃了，转而沉迷在了网游里。你不明白：为什么他伤痕累累却还能笑得出来，还说弹吉他是他目前为止做过的最快乐的事；为何他受了那么多苦，却仍然会感到快乐。这些事你始终都想不通。

如今，他弹得一手好吉他，看到他每次表演吉他时所展现出来的自信，让他变得魅力非凡，你不禁心生后悔，甚至嫉妒。

你嫉妒的是，他现在学会的东西也是你曾经热爱的。你后悔的是，当年你若像他一样刻苦，也可以学得像他一样好，可那时你却偏偏停住了脚步。

那时候的你,认为时光如此漫长,还有很多别的事要去做,所以对弹吉他的事持观望的态度。

看着那些因为"鲁莽"而泪流不止,因为"冲动"而头破血流,却依然前行的人,你唏嘘不已。你心里住着一个魔鬼,它告诉你,不要走他们的路。

看看他们为了达到目标而受的伤,你不想变得跟他们一样,你不想独自一人去承受孤独,你害怕失败带来的恐惧,所以你望而却步。

放弃的原因大多是害怕失败,更怕失败后被人笑话,所以你小心翼翼地往前走。可你忘记了,其实越怕失败就越会失败,越是止步不前就越是一无所获,只有勇往直前,不畏挫折,才有可能会迎来成功的希望。

有时候,我们总是把成功想得太简单,把梦想的实现看得太容易。如果你仔细去研究那些曾经默默无闻,后来却大放光彩的人,你就会明白,他们是经历了无数次的磨难才修成正果的。这世上从来没有人能够随随便便就成为自己所满意的人。

可能我们认为邻居手上的伤口触目惊心,或许在他眼中那只不过是习以为常的小疤,甚至当你问起伤口的来历时,他还会自豪地抬起手，骄傲地向你展示，这是他实现梦想的真实证明。

他们早就忘记了疼痛的滋味了，也早就不在乎那些受过的伤了。他们曾经因为热爱而全神贯注地为梦想努力过，过程中得到的快乐是无穷的，结果对于他们而言已经没那么重要了。如果你去问，他们会高兴地为你描述当时是怎么跨过了那些沟沟坎坎，他们会告诉你，那是他们人生中最充实的时光。

因为热爱，所以执着，做自己喜欢的事就不怕吃苦。这是那些头破血流却依然乐在其中的人告诉我们的道理。

看着那些和你一同开始的人，现在一个个都走得越来越远、越来越稳，而你却没能和他们一样坚持到底，你的人生还依然在动摇中。你的心难道不会有所触动吗？

那个朋友跟我说，他现在真的后悔了，倒不是因为高中的时候没有学吉他，而是他至今还没有认认真真地去做过一件事。这次的心痛，让他看清了自己，也更加明白了以后的路要怎么走。

微博上有一段话：总不能流血就喊痛，怕黑就开灯，想念就联系，疲惫就放空，被孤立就讨好，脆弱就想家，不要被现在蒙蔽双眼，终究是要长大，有些路总要一个人走。

是的，我们终究要长大，长大意味着要适应困境带来的挫折，要学会坚强和独立。虽然这过程会很痛，但熬过之后，你就可以看到不一样的自己。

当你熬不住想要放弃的时候，不妨想想朋友的邻居。热爱吉他的他，即使是有沉重繁忙的学业，也没有轻易地放弃，别人的言语也没能让他动摇，最后他终于弹得一手好吉他。

而你呢，从前总是"三天打鱼，两天晒网"，对一切事情都持观望态度。依然浑噩，还是认认真真地去做一件让自己不后悔的事情呢？

他们的痛是他们的，只有你的痛才是自己的。如果你从未痛过，又怎能知道那些痛自己能不能承受，能不能熬过去，能不能也如他们那般风雨过后见到彩虹呢？

没有看到想要的美好，只是因为你还没有用尽全力。你只有认真努力过，才有资格说热爱；你只有勇敢尝试过，才有权利说放弃。

为了不让生活留下遗憾和后悔，我们应该尽可能地抓住一切可以让梦想实现的机会。趁一切都来得及，去做你真正想做的事。人生有无限可能，我们要努力才能看得到辉煌，否则只会随波逐流地成为生活中的大多数，没有精彩可言。

慢慢来，你想要的岁月都会给你

好友小哲有阵子经常跟我抱怨，说他考研不顺，也没能找到满意的工作，而他的同学，不少都进了待遇优厚的大企业，当初一起考研的，大都开始读研了。

为此他感到困惑，为什么别人的人生如此精彩，而自己的路却如此艰难曲折，看不到未来？他经常眉头紧锁，心也越发浮躁，整个人都处在焦虑的状态。

我说："你可以试着放慢节奏，不要那么急功近利，事情可能就会有转机。"

他说："周围的朋友都已经小有成就，就连当年不如我的，如今也做出了一番成就。而我呢，紧追慢赶犹恐落后，又怎能慢下来呢？"

这番话让我明白了他时至今日仍一事无成的原因。

人一旦将一些东西看得太重，就会被其牵制，越陷越深，但凡有一丁点儿不如意，整个人都可能崩溃。当他看到别人遥遥领先于自己时，不甘落后，一心想要反超，于是冒冒失失去追赶，结果事与愿违。有时候就是这样，你越是着急，越是适得其反。

有些人总是把目标定得太高，当目标无法实现时，就会有挫败感。比如小哲，当他看见有同学报名考研，就想着自己学习一直很好，肯定没问题，于是也跟着考研；当他看到有同学找到了令人艳羡的工作，他心动了，也去找工作。最后，他既没有考上研究生，又没有找到工作，白白浪费了时间。倘若他专攻其一，以他的能力，拿下任何一个都是没问题的。

我们总以为自己很优秀，认为别人能做到的自己也能做到，却不知人的精力是有限的，我们很难同时完成多件事情。

因此，如果你做一件事情失败了，这并不能说明你不够优秀，而是因为你想要的太多，心情太过急躁，没有合理地分配自己的时间和精力。如果我们能够放慢速度，一件一件地去做，也许会是另一种结果。

我跟小哲说:"鱼和熊掌不可兼得的道理你懂的,你必须要在工作和考研二者之间做一个选择。"

他思考许久,最后决定去考研。

我点头表示支持:"既然你已经做出了选择,那么从现在起,你就专心准备考研,把找工作的事丢到一边。"

他开始积极备考,几乎每天都泡在图书馆里,埋头于书海中。按他的话讲,考研相当于人生的第二次高考,一点儿也不能松懈。

功夫不负有心人。一年以后,小哲终于考上了研究生,还不忘跑来向我炫耀了一番。

有次微博收到F君的私信,她说没想到最厌烦数字的自己,最后竟然成了会计,明明喜欢与学生相处,却没有机会做老师。因此,她对待工作很不积极,整天无精打采的,觉得做什么都没精神。

我们往往迫于现实不得不做自己最不喜欢做的事,也许刚开始还可以勉强接受,但久而久之难免会心生厌倦。

F君最后毅然选择了辞职。

她说:"我宁愿无所事事,也不想每天跟数字打交道。"

我问她:"你会不会去考教师资格证?"

她说她已经在着手准备了，尽管周围有很多人反对，但她决心已定。

我很佩服她的勇气。

后来，我问F君："为什么你可以顶着那么多人的压力去转行做老师，还做得如此成功？"

她说："其实我是一边工作一边在考教师资格证，等拿到了证书才决定要辞职的。"

人们时常会羡慕那些过上了自己想要的生活的人，但羡慕过后，他们依然过着按部就班的生活，丝毫没想过要去改变。因为他们不想像那些人那样，为自己的理想付出太大的代价，他们不想让"后悔"二字出现在自己的字典里，所以宁愿停滞不前，也不愿意去冒风险。

我们之所以没有成为自己想要成为的人，缺少的不是改变的意愿，而是一颗坚定而勇敢的心。

成功不是偶然的，所谓的顺利达成，必然要有大量的事前准备。所以，如果你有了想做的事情，不必立刻就付诸行动，不妨先想清楚，再做决定。倘若你下定决心去做，也不要急着放下现有的一切，先留出考察的时间，做好准备，直到有十足的把握再继续前行。

慢慢来，你想要的岁月都会给你。

只要肯出发，
总有一个地方让你着迷

又到了高考填报志愿的时候，最近给我发邮件咨询的人越来越多，他们大多都在犹豫，到底是填报本地学校还是外地学校，拿不准哪个更好。

晚上，QQ消息闪烁不停，点开发现群里恰巧也在讨论这个问题，大家聊得热火朝天。

有同学问："到底是留在本地好，还是出去好？"

此话一出，众说纷纭。一部分人说，待在本市好，因为一切都是熟悉的，无论是工作还是买房，都不用发愁，比去外省市要轻松许多。另一部分人说，要想开阔视野，增长见识，就应该到外面的世界走走，然后才会知道哪条路最适合自己。

大家各抒己见，争论了半天，最终也没统一意见。有个人提出，只有出去过的人才最有发言权，大家瞬间就把注意力转移到了我和小Q身上。

全班只有我和小Q考上到了外省市，小Q当年考到了青岛，我考到了乌鲁木齐，后来又到了武汉工作。如此说来好像确实只有我俩最具有发言权了。

我说，其实，选择没有对错之分，哪一种人生都有可能精彩。

每个人都有着自己眼中的世界，而这个世界也只有我们自己能找到。外面的世界，只有我们用双脚去亲自丈量，才能知道路有多宽广，只有我们亲眼看过，亲身体验过，才知道那是一种怎样的风景。

当你真正走出去以后，别人的看法和感受对你来说都不重要了。因为你已经明白，别人认为绚丽的风景，在你眼中也许很平淡；你认为最惊艳的部分，别人也许会觉得很平凡。

当年留下来的人，有的是因为期待过安逸的生活，不想四处奔走；有的是缺乏勇气，害怕孤身一人在外，无依无靠。

如果是前者，我尊重他们的选择，如果是后者，我为他们的人生感到遗憾。

到底是什么让他们变得如此安于现状，以至于连梦想这个词都不再提？

我猜想，还是因为他们害怕。他们怕一旦走出去，就再找不到来时的路。他们并没有完全丢掉梦想，只是想等等看：既然远方就像海子诗中所说"除了遥远一无所有"，那么，就应该找个适当的时机稳妥地实现自己的梦想，不是吗？

只是，经过岁月的打磨，这些人对未来已不再抱有太多的幻想。当年那些想做的事，现在多半已不感兴趣。他们早就习惯了朝九晚五的生活，过着一成不变的日子。工作之余更习惯浏览下新闻，聊聊天，或是对着窗户发一阵呆。

安逸的日子过得太久，人就变得懒惰了，热血也早已冷却。十几年过去了，很多人迄今为止对外面的世界一无所知。

还有一些人一直喊着要为自己而活，也有不少机会可以出去闯荡，可就是不肯下决心去实现。曾经所有的信誓旦旦，到头来都变成了茶余饭后的笑谈。

留在老家的乔，收到好友的一张照片，背景是深圳的机场。下面留了两行话——记得这是你当年最想去的城市，而我已经在这里安了家。没错，我说出来就是让你嫉妒的！

乔当时感觉心里突然缺了点什么,明明是自己一直想去的城市,最后自己没去成,别人却在那里安了家。

乔想不通,为什么自己想做的事,最后完成的都是别人?为什么最初对别人说着要坚持不懈地走下去的话,最终先放弃的也是自己?

也曾相信,每段路都有它独特的风景。可是,当乔得知,自己始终没做成的事,到最后是别人做成了,心里还是会感到阵阵失落。

乔这才意识到,那些自己原本以为不在乎的事,到最后还是会在乎。

无论岁月如何轮转,年少时喜欢做的事,到最后我们依然喜欢。

为什么那么喜欢的事,我们最终却都放弃了呢?是什么让我们失去了坚持的勇气?

他们说,你想象的美景,等你身临其境时就知道,它并没有你想象的那么美丽。

他们说,你想去的城市,整日被雾霾笼罩,交通拥堵,并没有你想象中那么令人向往。

他们说,你那个环游世界的梦就不要再做了,与其穷游一生,不如踏踏实实地上班挣钱。

他们说,等时间过得再久一些,你就会发现,当年自己的那些想法都很好笑。

他们说……

他们对你说了太多,你幻想的所有美好都被打破了,还没等你迈出脚,心就已经收回了。你在想,他们都是出去过的人,如果外面真有那么好,为什么他们还会回来。所以,你认定外面的世界就像他们说的那样不堪,于是,也就安心地选择了眼下的生活。

相信很多人都有过这样的经历:我们看到别人的脚步停了下来,就以为前面一定有一个无法跨越的障碍,为了让自己免于受伤,我们也放弃了尝试的机会。看到别人在实现理想的过程中经历了无数失败,吃尽了苦头,我们生怕走过去也会有同样的遭遇。更何况,即使是付出那么多努力,最终结果也并不都会尽如人意,那走出去还有什么意义?

我们就这么轻易地放弃了这一生中真正能证明自己是独一无二的事。

突然有一天,你发现,曾经走出去的人,如今居然带着笑容回来了。你幡然醒悟,其实他们所说的并不全是事实,他们的观点和想法并不能够代表你。

你也曾向往过,自己能有一次说走就走的旅行,带上相机,收尽世间美景。可那时候，你正忙着毕业论文，身上也没有多少钱，你只好说："再等等吧，等以后上了班，有了积蓄，再出去好好地玩一次。"

后来，你上了班，也有了积蓄，却整日忙着加班晋升，忙着绩效提成，将旅游一事彻底抛于脑后。直到有一天，你收到了一张明信片，照片是一张摄影图片，地点并不出名，却透着浓郁的文化气息。照片后面还写了一句话："随处走，随处拍，觉得这个地方你肯定喜欢，所以照片送给你。"

那一处风景，的确是你喜欢的，你不知道他走了多少路才寻到那样的古镇，你却知道他心里一定是快乐的。

外面的世界无论是美好还是险恶，未来的道路无论是平坦还是崎岖，都应该由我们自己去探索、去体验，不应该把所有的判断都建立在别人的看法上。不管前方有多坎坷，都要有坚定的信念，只要坚持，我们就一定可以战胜困难，到达内心向往的地方。

也许你已经习惯了现有的生活，但这并不妨碍你去尝试新的人生。你可以利用假期时间到外面的世界看一看，只要你肯出发，不论多远，总会有一个地方让你为之着迷。

慢慢地，你会发现，其实实现梦想并没有想象中那么难。

太多本该属于我们的生活，最终都是因为自己的退缩而变得遥不可及。依赖感太强，惰性心理太深，潜意识中总是等着别人为我们准备好一切，于是，别人说的话就成为指挥我们的至理名言。这不亚于将自己的人生拱手相让，让自己沦为别人话语中的奴隶。依赖产生奴性，一个奴性太深的人，永远也不会有自己的人生。

古人有诗："不畏浮云遮望眼，只缘身在最高层。"人生只有到达更高的境界，才会明白，现在的一切都只是一个过程，而这个过程需要你坚定地走完，否则你拥有的生活终究不是自己想要的。

这个世界到底是什么样，没有正确答案。任何人告诉你的答案都是误导，表面上是为你好，实际上是在左右你的人生。你要勇敢点儿，用自己的眼睛和心去寻找属于你的答案。

既然选择了远方，就只能风雨兼程。不管前方有多坎坷，只要怀着一份坚定的信念，并不停走下去，就可以战胜困难，到达远方。

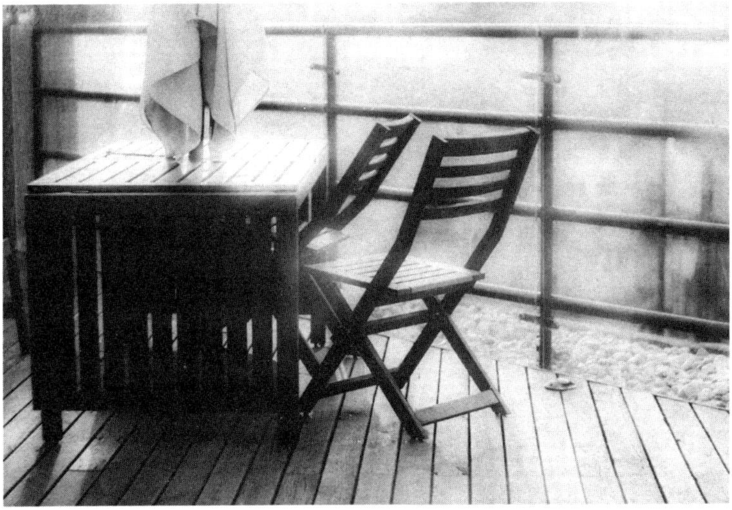

我的成功可能不会改变人类历史,但是我的梦想和奋斗,必将改变我自己的历史。为了把这一切变为美好的现实,我要去做能够做的一切。

——约翰·康派尔

第三章

既然逃无可逃,就迎难而上

有时候，
应该为爱勇敢一下

放寒假的时候我回了趟新疆，见到了多年未见的大学同学，和他们一起吃肉喝酒。原本聊的是很欢快的话题，但是大A喝高了，对着小F说："你知道吗，大学四年我一直喜欢你。"

此话一出，本来热热闹闹的场面一下子就安静了下来。

在我们眼里，大A是个特别神经大条、想到什么就去做什么、从来不会隐瞒任何心事的大男孩，谁都没想到，他喜欢一个人会埋藏得那么深。

吃完饭以后，我们都各自回家了。临睡前我接到小F的电话，声音听上去像是刚哭过。我问她："你现在是不是还喜欢他？"

小F上大学时就跟我说过，她喜欢大A，但她不知道大A是不是也喜欢他。她觉得像他这样的男生，如果喜欢一个人，肯定会很明显地表现出来。可大A对小F的态度就像对待邻家小妹，谁也没往"喜欢"那方面想。

从大学毕业到现在，已经过去好多年。初恋难忘，这并不可怕，可怕的是，对方明明已经淡出你的世界，你却还在原地傻傻地等着。

小F始终没告诉我，她现在到底还喜欢不喜欢他。但我告诉她，大A快结婚了。小F在电话那头立马哭得稀里哗啦。她跟我说，没想到大A会一直喜欢她四年，如果知道的话，当时的她一定会大胆表白。

如果你喜欢一个人，但不确定他是否喜欢你，那你宁愿把他偷偷藏在心里面，然后继续假装做他最好的朋友。在他伤心的时候去安慰他，在他快乐的时候你也跟着高兴，在他需要鼓励的时候你毫不吝啬地给他支持。但你唯独不敢去表白，因为你知道，一旦感情被挑明，而他又拒绝了你，你们的关系就会变得疏远，从此连朋友都做不成了。

你总是默默地陪着他，看他从青涩变成熟，而你也从天真的少女蜕变成知性的漂亮女人。

时光让一切都变了，你们互相陪伴的方式从校园散步到后来只能打电话、发邮件、聊QQ。唯一不变的是，你一直喜欢着他，从来没有因为相隔异地而有丝毫的变化。

随着年龄的增长，人也会变得越来越胆小。曾经的你，只有看到他才能快乐；后来的你，时不时地给他打打电话，只要能听到他欢快的笑声，就觉得心满意足了；而现在的你，却连给他打电话的勇气也不再有，只是频频进入他的QQ空间，看他相册里新传的照片，关闭网页前还不忘抹掉浏览痕迹。

是的，现在的你仍关心着他，却不想让他知道，觉得只要他过得好就行。他已经成为了你的晴雨表，你随着他的喜怒哀乐而变化心情。只是这些，你完全没有告诉他的打算。

你就像在印证所有的偶像剧里百用不厌的台词："我喜欢你，是我一个人的事情。至于你是否喜欢我，是否知道我对你的喜欢，都不重要。"

请你静下心来问问自己，你难道真的不想知道他心里的人是谁吗？真的不想知道他对你的感觉吗？你真的不在乎对于自己的心意，他是否知情吗？

如果真的都不介意，为何在看到他关心别的女生时，你会感到难过？

如果真的都不在乎，为何在听到他有另一半时，你会感到失落？

如果真的都没关系，为何在他表明曾经也喜欢你时，你会哭得泣不成声？

你没想到的是：

他也曾喜欢你，就像你喜欢他那样。

他也曾在你难过的时候陪在你身边，在你快乐的时候比你还快乐，在你需要安慰时大方地将肩膀借给你依靠。

原来这些，你曾经都拥有过。

当初大家都以为他把你当作妹妹、朋友、死党，却谁也没想到，他其实是把你当成女朋友去呵护的。

你恨自己当初太傻，怎么就没有往那方面想过，也恨自以为了解他的心事，以为他什么都会跟你说，却偏偏猜不透他的心思。

当初有多美好，现在就有多难忘。你沉浸在过去的时光里一遍遍怀念，却始终不肯走出来。他的酒后告白让你开始后悔当初的自己太胆小，后悔当初的自己太懦弱。

小F曾跟我讲，当初只要他对自己有一点点暗示，那么现在的他们，结局也许会是另一番模样了。

我对她说："既然你不确定对方的心思，为何不主动去问一个结果，为何非要等着对方来告诉你？如果他跟你抱着一个心态，也等着你先开口呢？"

在爱情里，我们都想等对方先开口，时光却在等待中慢慢逝去，在这期间会有各种各样的人走进彼此的世界，倘若我们爱上的人先一步走开，便会感到伤心和后悔。

可是当初的你在干什么？在他还喜欢你的时候，你却抱着做朋友的心态跟他相处。在他还陪在你身边给你安慰鼓励时候，你却像妹妹享受大哥哥的疼爱一样。

现在想一想，如果当初两个人能把话说开，也许我们并不能失去什么。如果他不喜欢你，你的世界可能会从此少了他的关怀，可这总要比日后去花大把时间猜测要好得多。可如果他跟你一样，也在等着你表白心意呢？

倘若当初你能大胆地将内心的情感说出来，也许从此你便可以被他牵着手，享受他的呵护，甚至可以大胆地在脑海里勾勒属于你们之间的未来蓝图。

这些明明当初你都有机会得到的，就因为胆小害怕，使得它们随着时间的流逝也慢慢溜走。

"我喜欢你,你知道吗?"

这几个字,有太多的人于夜晚时分在手机上打过无数遍,却在最后发送时选择删掉。

难道表白就那么让人难以启齿吗?喜欢一个人,又不是错事,更不是令人羞耻的事。

你尽管抛开顾虑,大胆地向他袒露心意,无论他接受还是拒绝,你的世界都不会自此坍塌,你的人生还要继续往前走,更不会因此就停滞不前。

让那个人知道,你曾花费过时光去喜欢他。别等到他彻底离开后,独自懊悔当初自己的不勇敢。

你要让他知道,他并不是一个人在时光里走过,他的身边曾有你陪着。

如果有一天,你鼓足勇气去问他:"我喜欢你,你知道吗?"也许他会牵着你的手说:"我同样也喜欢你!"

原来我的世界没有他，我可以过得更好

现在的他，在哪里，过得还好吗？会不会在这世界的某一个角落想起我呢？

现在的他，走进社会工作了，会不会也跟我一样，人前热闹，人后寂寞？

他曾说过，他心中会永远留一个位置给我，那个位置的主人还是我吗？

这不是偶像剧台词，它是每一个失恋的人，经过时间的沉淀，内心中发出来的声音。

所谓失恋，意味着以后我不能再跟那个人一起谈天说地，不能再跟那个人一起牵手旅行，不能再分享那个人的喜怒哀乐。

我们曾经约定好的一切，都会由另一个人代替我与他共同完成。他不会再出现我的世界，也无法再与我一同体会人生的滋味，我可能还不习惯没有他的生活，我可能还会想起我们的过往。于是就有了"回忆"这个词，它可以让我尽情地沉迷在过去里，在里面我们再也不会分开，它仅仅属于你一人。

我会忍不住想，我们是何时分开的，又是因为什么走向不同的两端？当初我们好不容易排除万难在一起，分手的时候两人却都故作洒脱，连再见都懒得说出口。

那时的我们都风华正茂，随着时间的流逝，我也渐渐明白，原来当初喜欢浪漫行为，不过是因为那时还不成熟。

他追我的时候，一封接一封地给我写情书，字里行间都是甜言蜜语。

恋爱时，他牵着我的手一起奔出校门，我坐在他的自行车后面悠闲地晃着腿，车上尽是幸福。

他将我正式介绍给哥们，那群人纷纷起哄让我喝酒，他为我挡了一杯又一杯，直到最后喝得烂醉。

我记得我们感情升华时，他在昏暗的路灯下，小心翼翼地亲吻我，当时我们紧张极了。

他什么都好，好到我认定这辈子非他不嫁。后来却因为一点小事，我就轻易地说出了分手，草草结束了这段感情。

也许是看不惯他对谁都好，明明我是他的女朋友，他却对我的朋友也非常照顾。

也许是看不惯他总爱穿一种样式的衣服，看来看去让我产生了审美疲劳。

也许是看不惯他不能随时揣测我的内心世界，我希望他送一束鲜花，但他却更愿意给我多买几份早餐。

……

总之有太多的看不惯，促使我提出了分手，还撂下了狠话，让他不要再找我，我不想与他再有任何瓜葛。

后来，他一次又一次地站在我寝室楼下，出现在我的教室门口，还提着我喜欢吃的零食跟在我身后……

直到他再也没有在我眼前出现，直到我们毕业后，天各一方。

这些年，每到夜深人静的时候，我都会想起那时他对我的好，好像也没有我想象中那么厌烦了。我开始试着去理解他的用心良苦：

也许他对我身边的人好，是希望她们能够用心地照顾我。

也许他总穿同一种款式的衣服，是因为那款最适合他，也最显帅。

当年他不给我买鲜花，而把钱省下来给我买吃的和用的，这令我很生气。现在想来，他是那么务实的好男人，温饱和健康当然比浪漫更重要。

……

可能是他从未做过让我感到伤心的事，所以当我理解了他的种种行为之后，越发地想将他留在身边。

这种感觉随着时间的推移而渐渐加深，有时候我自己都无法控制。

我忍不住找到他的QQ，问他要现在的手机号，几天后我才打过去，为的是不想让他知道他还在我心里。

多年没有联系，他早已从青涩大男孩蜕变为成熟的男人，这时候我才意识到，我们的曾经是多么的遥远。

我在这头问他："这么多年没见，你变成什么样子了？"

他在那头随意地跟我说，后来进了什么单位，又跟谁谈了恋爱，什么时候分的手……

我感觉他把这几年的感情经历和生活琐事都毫无保留地跟我

分享，就好像我是他多年的老朋友。聊到最后他问我："你过得好不好？"

就是这句普通的问候戳中了我的泪点。我想告诉他，没有他的体贴照顾，我过得并不那么如意；我想告诉他，自己越来越成熟，越来越怀念与他在一起的日子；我想告诉他，如今我已懂得如何去珍惜来之不易的爱情，也愿意放下曾经的小任性；我想告诉他，我已不再是那个只会享受、不懂付出的小女孩，如果能重来，我一定会对他像他对我一样好。

我想问问他，我们是否可以再重来一次。可是，他现在已经有了崭新的生活，并且看起来还不错。

我知道，如果我哭着跟他诉说我这些年的不如意，他会因多年的感情来安慰我、开导我。

然而，他除了替我担心，知道我离开他过得并不好以外，似乎什么都不能为我做。

我终究还是一个人，可能还会在深夜里想起他。这是一种情感瓶颈，它如同一把锁，将我锁进心牢。

自从我离开，便开始一个人吃饭，一个人回家，一个人面对空荡荡的房间，一个人解决生活中的难题。

我曾悄悄地去浏览过，他QQ空间里的说说动态，想看看他的近况，这才发现了内心深处我不肯承认的秘密。其实我还在牵挂他，尽管分开时我言辞锋利。

我拿着一本回忆录，将它翻开，看到每一页都写满我们的青春，还有他写给我的寄语。

我明明知道我们分开了那么久，早就没有了联系，可我却仍然放不下。

究竟是什么使我变得不像自己，脱离了自己预设的轨道？是习惯。我习惯了他的存在，习惯了享受他的好。虽然这些年我都是独自一人面对生活，我本该习惯的是孤单，是独处，但我却还是不能接受一个没有他的世界，原来我一直用回忆来填充他不在的日子。

当初我的离开，是因为不甘心就这样将人生赌在一个人身上，我以为自己可以有更好的选择。却不成想这么多年逝去，我始终没能遇到比他更好的男人，甚至连像他那般呵护我的都不曾遇到。

所以，回首时，我发现自己竟然傻到错过这样一个好男人，心有不甘。他走出了我的世界，而我还在原地徘徊，我将自己困住，痴痴盼着他也能够回头。

我们都是这样，明明换一种思维就可以过得很好，却偏偏要钻牛角尖，将自己逼到墙角。

她跟我说："应该让他知道，你仍关心着他。"

我却告诉她，我更应该让他知道，我过得很好。

她不解，问我为什么明明想念他，却不能让他知道；明明自己过得不好，却要欺骗他。

我问她："觉得我是真的在关心他吗？"

她点头。

"既然我是真的关心他，就不该再给他添麻烦了。他已经有了新女友，有了自己的生活。当初是我叫他离开我，现在他好不容易有了自己的一片天，我又怎么忍心让他丢掉已拥有的幸福呢？"

网络上有这么一句流行语："当初你叫我滚，我就滚了。如今你再要我回来，对不起，滚远了，不可能再回来了。"

虽然他再也回不来了，但至少我们在一起时，他留给我的都是感动和欢乐。只是当时的我太年轻，不懂珍惜他的好，不懂金无足赤，人无完人。两个人一起，不仅仅要欣赏对方的优点，也要忍耐和接受对方的缺点，互帮互助才能更长久。

现在我若明白，也不算太晚。只是不要一错再错，寻求复合，也要看看对方有没另一半，也要看看我是真的想跟他在一起，还是只是想跟过去的时光在一起。

  我如果真的跟他在一起了，或许会发现他早已不是那个我认识的他。毕竟这么多年过去了，经过时光的打磨，我和他都会变成另一个样子。

  那个骑单车的大男孩，也许每天定点下班挤公交、搭地铁。

  那个路灯下吻我的大男孩，也许连牵我手的勇气都不再有。

  只是我还看不清，以为他永远留在那里，不会有任何改变。我心心念念的只是旧时的他，我也扪心自问，我还是当年的自己吗？

  倘若他也有此意，我就需要衡量很多东西，静下心来想一想，我愿意为了他放弃这份比较满意的工作，去他的城市生活吗？我愿意抛弃自己现有的安逸生活，完全融入他的生活，和他一起吃苦吗？

  我的心里顿时充满了犹豫。我舍不得放弃我的现在，那么同理，他也不会为我放弃他的现在。这不代表我们之间的感情淡了，而是我们长大了，有了自己的生活方式和思维模式。他好不容易习惯了没有我的日子，也能继续好好生活，之后终于有人也能给予他温暖和快乐。他习惯了现在，不愿再跳出去重新来过。

  我有过这样的体会，人年龄越大就越怕改变，害怕脱离熟悉的地方和熟悉的群体。所以，我才不愿离开生长的城市去找他。

现在的我，应该尝试放下那段过去，人生并不是只有爱情，我要学会将自己抽离。当然，放下也并不意味着忘记，只是每次想起时，不会再试图将过去与未来联系在一起。

学着从过去的感情中吸取教训，不能白白受伤，更不能白白浪费青春，我要离开得有价值。未来，我会遇到如他那般的人，会有人比他对我还要好，还会再来一次如初恋那般美好的感情……

在那之前，我需要将自己仔细打量一番。这些年我是否出落得更有韵味，是否又增添了几分动人气质？我试着去做想做却来不及做的事情，试着去培养自己的兴趣，努力将生活过得有声有色。不知不觉中我发现，原来我的世界没有他，我可以过得更好。

真正的忘记，
是不需要努力的

2012年，有两件事让我记忆犹新，一件是我找到了比较满意的工作，另一件就是闺密惨遭失恋。

刚工作的那段时间，我时不时地就会接到她的电话，察觉得出她话语间流露出的悲伤。她什么也不愿和我多说，就像什么都没发生一样，只是跟我谈谈人生，聊聊理想。可我知道，在她心里，有些东西已经慢慢地消失了。

人生最痛苦的事莫过于，你明明知道那个人不可能再回到你身边，而你依然欺骗自己，仿佛这只是短暂的别离。

你以为自己能跨过这个坎儿，可无论怎么努力，就是跨不过去。

你原本以为，他的离开，对你的生活并不会产生多大的影响，可当他真的离开了，你才明白，有些事并不能按照你想的那样去发展。身体上的伤口擦点药水就能痊愈，但心里的伤却很难抚平。

看闺密因失恋而变得消极，我很难过。毕竟谁也不愿意看到这样的结局，可是当它发生了，我们只能去勇敢地面对。痛了，伤心了，都一一接受，沉默最有利于伤口的痊愈。

我试图通过聊天的方式帮她排解失意，她却扯了很多与之无关的琐事。她越是这样回避，我越想去揭开她的伤疤。从失恋中无法走出来的人，要么是根本没有痛过，要么是痛得不够彻底。

我劝她："其实失恋没什么，我也失恋过，你看我现在不又开始谈恋爱了？这世间悲欢离合都人生常态，总不能因为世事无常，就放弃大好人生啊！"

"我知道。"说完她直接挂了电话。

也许这些她都明白，不是所有的故事都会有结局，也不是所有的结局都令人满意。她只是心有不甘，一时接受不了，不明白为什么曾经的海誓山盟瞬间就变成了梦幻泡影。

这是每一个失恋过的人都深有体会的失望吧！

一个人的时候，你会忍不住去回想你们在一起的时光。你想不通，自己已经做得足够好，为什么他还是会离开你。你觉得你的好，足够将他留住一辈子，事实证明这恰恰相反。

你安慰自己说："离开就离开吧，至少回忆是属于我的。"

于是你一遍遍地去回忆过去，不知疲惫地温习曾经的甜蜜。

所有人都以为，你会因为他的离开而痛哭流涕，你却整日嘻嘻哈哈。有人说你没心没肺，说你不够喜欢他，其实只有你自己知道，他一直在你的心里，从未离开过，你更不敢相信会遇到比他更好的人。

你怕再也遇不到和你有交集的人，再也没有人能打开你的心扉。

我们总说自己有多勇敢，结果一场失恋就让我们变得一蹶不振。

总是抱着回忆不肯离开，好像那个人依然还在。也许人都是这样，回头去看才会发现，真正让你难以割舍的并不是这个人，而是你们在一起时那种踏实和安稳。

等到你觉得这回忆再也没有什么味道了，回想起来，连自己都觉得烦的时候，那才是真正地解脱了。

当时他看别的女生一眼你都会生气，可如今看到他与女友的甜蜜合影，你竟然还会为他感到高兴。你甚至会想，如果他真的遇到比你更合适的，其实放手也没有什么不好。

爱情竟然可以让人变得如此崇高。

不曾记得怎么会忘记？每一次忘记的过程都是对记忆的加深。原来忘掉一个人的最好方法，竟然不是刻意地忘记，而是顺其自然地走下去。再炽热的感情，只要你不想，它就不会来。

这世上，很多东西都经不起时间的消磨，更没有什么是真正的永垂不朽。比如你和他。

有一天，很久没联系的大学室友打电话给我："跟你说件不可思议的事。有天晚上我梦到跟他一起去看《大话西游》了，周星驰面对朱茵深情款款地表白，说着那段'爱你一万年'的经典台词，我忽然就醒了。那电影曾是我们最喜欢看的，我已经很久都没有梦到他了。"

"你们分开多久了？"

"五年了，可是这一次我居然没有哭。"

时光真好，轻轻流逝，就可以让人忘记很多东西。它让我们变得坚强，只要我们肯去试着接受现实，试着对自己宽容一些，试着接受失去后的落寞，那些令你难过的往事，终会变得云淡风轻。

真正的忘记，是不需要努力的。未来的某一天，你突然发现，曾经让你痛彻心扉的那些，已经不能伤害你分毫。你可以开始另一份爱情，直到你可以不再为难自己的那一天；你可以开始另一个故事，直到你可以不再为上一个故事里的人流泪的那一天。

人生，都有"艰难"这个副产品，却也有"时间"这副良药。把不幸变成有幸，是生活给我们最好的礼物。

爱你的人，
不会让你半夜哭泣

前段时间，河南的小H来武汉找我，一见面她就放下行李扑到我怀里哭。我看着她红肿的眼睛，怒其不争地凶她："哭哭哭，遇到事儿就知道哭，以前在乌鲁木齐躲被窝里哭，现在跟他住在一起了，被窝里不能哭了，就来我这里哭是吧？"

她愣愣地望着我，什么也不肯多说。

我跟她认识四年多了，每次跟男朋友闹矛盾，她都会跑到我这里哭诉。说实话，这样的女孩看着着实让人心疼，也最让人揪心，看着她一次又一次地哭，总会忍不住地想棒打鸳鸯，让她从纠结又痛心的恋情中解脱出来。

像她这样的女孩有很多。

谈恋爱，她们总是哭比笑多，但她们仍然享受其中，说如果恋爱中只剩下甜言蜜语，那人生就缺少了很多味道。

我之所以这么了解她们，是因为小H每次哭完，都会对我说一堆诸如此类的大道理，末了还自娱自乐地说："其实他很爱我，我能感受得到。"

"你仔细想想，他对你做过的事，有哪些是从疼爱你的角度出发的？"

四年前，他们考上了同一所大学，都在外地求学，又是同乡，她与他慢慢地走得近了。他给她排队打饭，下了晚自习会送她回宿舍。

三年前，他们正式开始交往，每次外出聚餐，他总是把她带在身边。他的好友说初次见面怎么也得喝一杯，他为她挡酒，甘愿自罚三杯。哪知朋友不依不饶，他硬是被灌了五杯。半醉半醒中，他冲着她傻傻地笑，她知道他把她放在心上，那时候觉得心都要醉了。

两年前，他到了实习阶段，开始忙着找工作，但是四处碰壁。他不再为她排队打饭，也不再送她回宿舍，吃饭应酬更不会带着她。她不生气，也不埋怨。她认为他就业压力大，在这个时候要为他分担一些，于是将他所有的脏衣服都拿到宿舍里洗，丝毫不去在意舍友的看法与调侃，她认为爱情世界里有他和自己就够了。她们彼此相爱，就很完美，其余的不重要。

……

据我所知，小H为了他，一毕业就回到了河南，美其名曰支持家乡建设。可实际呢，我们都知道，她是为了男朋友。倘若他对她好，我们也没什么意见。可他明明对她大不如前，我们在心里都替她后悔。她沾沾自喜以为蒙住了我们，其实我们只是假装不知道。

她生日那天，他连打个电话说句"生日快乐"都没有。

她毕业论文答辩前，他还跟她大吵了一架，导致她情绪失常，论文答辩差点就没过。

她为了他回河南，拎着大包小包下了火车站给他打电话，本想着他能来接她，却不成想他却在那头冷冷地说："你又不是第一次来，自己回得来。"

我接到她电话的时候，她正在火车站痛哭流涕。我忍不住打击她："他这样对你，你还要回去吗？"她在沉默了半天，然后挂了电话。

我知道，就算那个人对她再不好，她心里还会为他编织各种各样的理由去原谅他。

有时候，我们伤心并不是自己看不明白，而是不想看清对方的心，不想直面残酷的现实。总以为只要认为对方是情非得已才伤害了自己，一切就都会好起来。在你心里，他永远都是有苦衷的，久而久之，我们将自己麻痹。

小H，我们都忘记了，最初的爱，明明不是这样的。那时候虽然他很关心你，但你也在关心着他。他为你排队打饭，你又何尝舍得让他一人苦等？晚自习结束后他送你回宿舍，你又有哪一次真的掉头就回宿舍？恨不得学梁山伯与祝英台十八相送。在他找工作的时候，你也流连于各大招聘网站，一有与他专业对口的工作，你就立马给他发信息；虽然最后他选的工作并不是你找到的，但你为此也付出的精力不比他少一丝一毫。

其实在这场感情里，只要你认真地回忆每一个细节，就不难发现，从开始到现在，其实恋恋不舍的人，一直是你。

小H好不容易来了一回武汉，嚷着要我请她吃大餐。一上桌她就要了两瓶啤酒，还有几个下酒小菜，拿起杯子就咕噜噜地灌了起来。我一看这凶猛的架势，便一把抢过酒瓶，她哭了笑，又笑了哭，沉浸在自己的情绪里。

小H啊，在我看来，你在这段感情里充当着"傻子"的角色。

其实，在爱情里，谁先爱上对方，谁的投入越多，谁就是"傻子"。也许你会说："明明是他各种献殷勤追求我的，恋爱初期也是他百般对我疼爱，令人费解的是，怎么走着走着，我就成了投入得多的那个人？"

也许他对你的感情来得太浅，浅得只能叫作喜欢，并不足以称之为"爱"。

你感受到的那些"他心疼你，对你好"，也只是停留在表面，仔细想想就会明白，他对你的好，不愿再深入一分。你如果把快乐的事与他分享，他会高兴地听你说完；如果你把生活里的不近人意说给他听，就会发现，他突然眉头紧锁，立刻现出沉默的姿态。

当倾听的对象变成他时，他便自动选择了爱自己。为了使自己的情绪不受你的影响，他自动地过滤掉有关你的情绪信息。他的反应让你渐渐地对他报喜不报忧，时刻营造出你很快活的样子。无论何时何地，只要跟他在一起，你就是无比快乐的开心果。

可是，只有你知道，他一次次的漠不关心，让你一次次趴在被窝里哭得找不到东南西北。他经常说出让你难过的话，每次你都跑到好朋友面前抽抽搭搭地掉眼泪。好友忍不下去要为你打抱不平时，你却说："算了，他也是无心的。"

关于小H跟她男朋友的事，我林林总总劝了不下百遍，可她偏偏就是撞了南墙也不回头。

"你确定他心里有你吗？"

她不假思索地点了点头。

"如果你告诉他你在武汉丢了钱包和手机，偏偏朋友的手机号又记不住，他会来武汉接你回去吗？"

她又点了点头。

"那好，我们现在就去找公用电话。"

她抓起公用电话就拨了过去，放下电话时，看到她冷静的样子，我就明白了。

"我想通了，跟他分手，没有什么可留恋的了。"

我带她在武汉痛痛快快地玩了五天，回去之后她给我发了信息："你知道他那天是怎么跟我说的吗？他让我自己想办法回去。"

我回："其实你一直都知道该怎么做决定，只是你为了给他留机会，情愿去欺骗自己，以为只要再给他一次机会，你们就能会回到最初的美好状态，继续幸福甜蜜。你比谁都明白，在这场爱情里，他不肯再多给你一点点。如果他真的爱你，怎么会舍得让你在半夜里哭泣？如果他真的爱你，又怎么会让你如此伤心地跑到武汉找朋友散心？如果他真的爱你，是万万不会说出'你自己想办法回去'这种话的。"

她没有回复我。我知道，那番话肯定让她心里不好受，但长痛不如短痛。有些人，总要等到有人将鲜血淋漓的伤疤揭开给她看，她才能明白。在那场自以为是的恋爱里，不管她做什么，对方都会觉得永远不够。

你可以与他分享欢乐，他却无法与你分担忧愁。自始至终，他要的爱情，不过是一个能够带给自己欢乐的伙伴。现实是残酷的，你总要学会认清真相。即使它会让你痛苦和心碎，甚至让你暂时不敢再期待爱情。可这样总要比等到皱纹爬上你的脸，你才知晓"原来他不爱你"好得多。

时光不会一直等我们，每个人都会慢慢地老去，所以我们应该对自己好一些，在年轻的时候，趁早觉悟。

有天我在家陪着妈妈看节目，忽然听到辛晓琪唱了一首歌——《领悟》。我赶紧找来发给小H。本以为会让她有所触动，然后猜想她可能会大哭一场，却没想到她极为淡定地回了一句特别文艺的话："我从不曾后悔在最美的时光里遇见他，我只是感慨，在付出真心的时候，他若是那个对的人，该有多好！"

我们都有过这样傻傻的阶段，一门心思地喜欢一个人，为此付出了许多许多，浪费了时间，也浪费了感情。

我们傻傻地认为，那就是我们想要的爱情，就是我们最终的归宿。却忘记了，如果他是真心的，就一定会把我们放在心尖上去疼，又怎会舍得让我们伤心呢？

不记得在哪里看到过这句话："没有人值得你流泪，值得你流泪的人不会让你哭泣。"

当你认真地去喜欢一个人，巴不得天天看见他咧着嘴笑，倘若哪天他忽然不开心了，你一定会使出浑身解数地逗他笑，让他开心。

爱一个人，就会不自觉地将对方的事当作自己的事，将对方的一颦一笑都放在心上。如果他没有这样做，只能说他还不够爱你。

我很想告诉她，迟早会遇到对的人，只是你心里住着一个人时，对的人只能在门外徘徊。

我们总是自以为是，才会受伤，才会流泪。越是相信自己的感觉，期待就越高，现实与理想背道而驰的时候，才不得不承认事实。

就如小H，哪怕伤痕累累，也不肯放手。总觉得再给对方一个机会，也许就能改变什么，其实，再多的机会都无法赢得他的真心。

因为在你们的世界里，他爱自己永远多过爱你。

或许有一天，他会遇到那个让自己用心去爱的人，将对方的全部放在心上。可惜，那个人不是你。

你的心只有这么大，能承受的也只有那么多，千疮百孔后，你便不是你自己。明知他不爱你，又何苦这样委屈自己？

曾经，他是你的全部。而现在的你，应该试着放下那些让你纠结泪流的人和事，勇敢地向外迈出一步，去看看外面的世界。或许有一个人，也如你爱他那般爱着你呢！

是春暖花开还是冰天雪地，往往只在一念之间。

很多人都说爱情里的世界是无私的，既然你喜欢他，那么就不应该去计较你付出了什么又得到了什么。哪怕你一直在付出，只要对方能够回应你一个笑容，那么你所有的付出都是值得的。

是的，我们听过太多类似的话，多到自己渐渐地变得麻木，觉得爱情里就应该是付出，只要对方对自己一丁点好，我们就该毫无保留地去为对方做任何事。于是就衍生了小H的这番经历。

当你放开过去的自己，你就开始明白，世上最该心疼的人，是自己。他教会你，若想被人爱，首先要爱自己。倘若连你都不懂得怜惜自己，又怎能怪罪他不懂珍惜呢？你只有先把自己的心保护起来不受伤,才能更好地去爱值得你爱的那个人。

　　当你遇到那个对的人,便会懂得,他不会轻易让你落泪,他会将你的一举一动放在心上,视你如珍宝,将你放在手心里百般疼爱。他不但可以与你分享喜悦,也愿意与你共同分担苦难。一路上,两人携手。因为有你,他的世界更精彩;因为有他,你不再害怕孤单。

　　曾经爱过的人你总能忘却,你也不必后悔错过了谁,只要你坚定地站在这里,早晚会有一个对的人,出现在你的生活里。

　　只是,你不要让那个人等得太久。

面对这善变的世界，
你要从容

凌晨两点，我接到来自丽江的LL打来的电话。电话一接通，就听到那边传来的哭声，她恨不得用颤抖的声音，倾出所有的委屈。

"为什么YY要背叛我？当初说好的，要一起闯天下，毕了业开间咖啡店，可现在却只剩下我一个人坚守在丽江。"

我是认识YY的，也知道她口中说的"闯天下"是什么，那是她俩在上学时就有的约定。当时她们关系很好，好到俩人几乎可以穿一条裤子。她们平时形影不离，学习、吃饭、娱乐，总之，能看到LL的地方，就一定可以找到YY。

她们经常念叨着要在丽江开个咖啡馆，在阳光明媚的下午，捧着书,喝着最正宗的咖啡,闻着迷人的香气,悠闲地打发着美好时光。每次说这些,她们都会嘴角上扬,好像这个心愿马上就要实现了。

现在想想,年轻真是美好又奢侈。你不会去担忧生计,更没有太多的顾虑,好像有大把时光可以用来做自己想做的事,好像心里所想的就真的会实现。

我当时觉得这两个人真是太爱做梦,早晚会被现实打醒。没想到,她们心心念念的咖啡馆竟然开起来了,这真让我对她们刮目相看了。

其实,她所说的"背叛",其实也没那么严重。

刚毕业的大学生能将店面开起来就已经非常了不起了。她们既要当老板,又要当员工,从早到晚基本不得歇,更是睡不了几个小时,也就别提睡眠质量了。真是难为了两个柔弱的女孩,为了她们共同的目标,如此辛苦地打拼,

有些人能同甘,但并不代表也能共苦。YY终于没能熬过去,最后以要筹备婚事为由回家了。

YY走的时候LL没多想,她知道YY压力很大,想回家休息一段时间也正常,可以理解,就随她去了。

然而,半年过去,YY还是没有回来。直到这时,LL才恍然明

白,当初YY走时,就没打算回来。YY就这样断然地放弃了她们共同的事业,是的,在LL心里,这是事业。

YY离开后,LL一直咬牙撑着,尽力维持咖啡馆的运营。她不再看小说,也不再享受沐浴阳光的惬意,而是将所有的时间都用在了打理生意上。

咖啡馆的名字没有换掉,因为她觉得,只要店还在,这份事业就还是她们一起在打拼的。她看起来挺平静的,没想到,竟然在夜深人静的时候打电话来哭诉,想必是她说服了自己许久,最终还是不能接受合伙人不辞而别的事实吧!

LL说:"她要相亲,她要结婚,我二话没说就让她去了。如果她觉得熬不住了,或是有了新的追求,完全可以跟我说呀,朋友之间不就是要掏心掏肺的吗,她为什么要骗我呢?"

我明白她心里的苦。YY根本没有结婚,说回家筹备婚事只是一个借口。她真正要回家的原因是家里给她找了个相对稳定的工作,不用每天累得像条狗,不用每天睡不好,不用担心拼死拼活,到最后非但赚不到钱,还要搭进去自己的老本……她输不起,可对朋友开不了口,只好逃之夭夭——这些话YY自然不会亲口告诉LL。

说到这里,LL的声音哽咽得更不像话了。她说自己就是个傻瓜,一旦认准了是朋友，就没有底线地相信和迁就，她把YY当成自己最要好的朋友，到头来，对方连句心里话都不肯告诉她。她笑自己有眼无珠，恨不得抽自己几巴掌。她还想不通，友情为什么如此廉价？

当单纯的感情逐渐被利益浸染，郑重的约定也会变轻，就像阳光下的泡沫，看起来五彩斑斓，却禁不起外界的干扰，稍微一点外力，曾经的美好就变得支离破碎。

等到她心情稍平静一些，我对她说："你不妨换个角度去看，或许这正是她保护你的一种方式呢！也许她觉得，把真实想法说出来会让你更受伤，不得已才用这种方式离开。"

这世上没有什么是一成不变的。人的一生要经历很多阶段，每个人在每个阶段的想法和决定，都会随着时间的推移而发生改变。无论发生了什么，我们总要一直往前走，变得坚强，变得深谋远虑。

再深厚的友谊也可能会变淡，再要好的朋友也可能有离开的时候。然后，我们会渐渐褪去身上的稚气，学会多角度去考虑问题，慢慢地学会理解别人，变得大度与宽容。

其实，YY的离开，算不上是背叛谁，她只是做出了人生中的一个选择，做出了更为理智的决定，尽管这对于LL来说是种痛彻心扉的伤害。

让LL难过的,并不是YY离开了咖啡馆,她愿意看到YY过得好,所以她不反对YY有更好的选择。真正让她难过的,也是让她感到被背叛的是,她发现自己一直真心相待的人,内心中真实的想法从来没有告诉过她,甚至还用借口搪塞她。这半年来,每次她询问YY何时回来,YY都不曾向她坦言事实,这种搪塞让她最伤心。

我有点气愤:"既然你都知道了实情,为什么还能对她这么有耐心?想想看,哪次不是她有事了才找你,没事了就消失得无影无踪。既然你明白,这份友谊已经变质,为何还要勉强维系?"

刚平静下来的她,又哭泣起来:"一定要这样吗?我舍不得那么多年的感情。"

"你要明白,她只是把你当成一个可以帮助自己的人。因为你优柔寡断,留恋过去的情分,所以你才会一直被她'麻烦'。

"随着年龄和见识的增长,你会渐渐明白,真正能成为"朋友"的人,必须是人生观、价值观、名利观等观念一致的人。不是同路人,吃喝玩乐之后就形同陌路,转身即忘。只有'三观'一致的人才会懂你,珍惜你,才会对你不离不弃。

"YY之所以会转身离去,还会一次又一次地'麻烦'你,是因为你们已然不在一个层次。你要尽快从过去的不快中走出来,学会从容，谨慎处事，有自我追求。别再执迷于过去，才能更好地前行。"

  这样的故事，每天都在上演着。你发现自己与闺密很久都没有好好地坐下来聊天了，煲电话粥的次数也明显减少，甚至连嘘寒问暖的短信都变成了群发内容，她主动联系你都是因为有求于你，你们的电话在不咸不淡的寒暄中迅速结束，对方再也不可能耐心地听你倾诉烦恼。这时的你开始琢磨了，你们之间的关系是否还如你认为的那般亲密？你们之前的友情对她而言是否依然重要？到底是什么让你们之间的距离越来越远？

  人终究会变，这些都无法避免，与其花时间去抱怨和委屈，不如静下心来踏踏实实地努力，让自己成为一个更好的人，你会不断遇见同一层次的对手，与之为伍，快乐前行。

理想的路，总是为有信心的人准备着

最近看了几场热映的青春题材的电影，把那些失散多年的回忆一下子勾起来了。

刚上大学那会儿，班上的学习氛围如同高考前那样高涨。后来，大家发现就算学得再好也就那么回事，所以，慢慢地，对学习的热情都消退了。有的人开始参加社团活动，也有趁着没课去网吧玩游戏的，还有的开始寻找浪漫的爱情。

可我同桌的学习成绩始终名列前茅，并且，她没玩过游戏，对恋爱也丝毫没有兴趣——这就让我感到诧异了，要知道，在青春年华，异性间不免要萌发爱慕之情的。毕业吃散伙饭时，我带着克制已久的好奇心问了她这个问题，那感觉好像期盼即将公布的游戏通关秘籍一般。

她看了我半晌，眼神就像在看一头怪物："难道除了玩游戏和谈恋爱，我就不能有点别的追求吗？"

放眼望去，那些牵了手的人，有几对是真正能走到最后的？有多少不是毕业就分开的？同桌说，她不想成为既荒废了学业，也丢失了爱情，让青春徒留悔恨的人。

她接着问我："爱情和游戏真的有那么重要吗，重要到可以放弃自己的理想吗？"

正是理想，让她在枯燥乏味的生活里找到了别样的乐趣，她才可以抵住青春的诱惑。我们当时忙着玩游戏、谈恋爱，她却每天早起读书，甚至不惜用题海战术攻破难关。别人看来十分无聊的事，她却能乐在其中，就算有人说她是书呆子，她也丝毫没有动摇自己对理想的执着。

回想起来，我们大多数人的青春都处于一种"别人做什么，我就做什么，恨不得将别人的青春完全复制"的状态。例如填报志愿——别人报会计，我也报；别人报计算机，我也报；别人去乌鲁木齐，我也去。

不知究竟是舍不得与同学分离，还是觉得我们就应该走一样的路，总之，大家都是凭一时的热情做冲动的决定，好像从来没有想过我到底要去哪，到底想做什么。

当年，尚且年轻的我们，还不懂这样的决定意味着什么，更来不及去思考这会不会让自己后悔。

那个时候，我们大多数人都认为，在年轻时谈一场轰轰烈烈的恋爱是件必要的事，挑灯夜战打游戏更是让人其乐无穷。而同桌的话无疑否定了大多数人的观点，想想耽于玩乐的我们，确实目光短浅。

现在，当我回忆起曾经的岁月，才恍然发现，同桌竟是这样一个有思想、有远见、有抱负的热血青年。

原来，自那时起，我们就已然分出了层次，踏上了不同的道路。

后来，我也遇到过类似同桌这样的人：别人在谈恋爱、看电影、玩游戏的时候，有人仍在埋头苦读，用最短的时间修完学分，拿到了学校的奖学金；有人还没毕业就被大公司纷纷抢着录用，生怕"金子"落入他人囊中；那些能够升职加薪的员工，总是在别人松懈散漫时，犹如上紧了发条般勤勤恳恳地工作。

每当看到这样的人，我都会不由得想到同桌，也不免生出这样的疑问：难道他们不累吗？难道他们不懂得享受快乐吗？难道他们不需要放松吗？

　　他们有着和我们一样的需求和欲望，只是，理想让他们懂得取舍，让他们明确方向，让他们在前行的路上不再迷茫，最终为他们照亮了前程。

　　而我们呢，知道实现理想这条路会走得无比艰辛，也很孤独，所以就心甘情愿地放弃了。到后来，我们每每看到有人实现了心中的理想，心里就会泛起一丝波澜，为当初虚度光阴而悔恨不已。

　　如果你也想成为他们中的一员，需要从此刻起就开始行动。

　　理想或许不能让你功成名就，不能让你腰缠万贯，但它能让你成为最想成为的人。

　　不知道同桌从哪里得到了我的QQ号，她问我："你还记得我当年的理想吗？"紧接着又发来一张照片，我知道她的理想已经实现了，而在实现理想的这条路上，我见证了她的辛苦历程。

　　理想虽美，实现起来却大有难度，就如我那同桌的追梦路一样。但是，只要你愿意去努力，只要你肯战胜懒惰，不再计较花费时间的成本，学会享受孤独，勇敢地迈出第一步，那么你曾受过的罪、吃过的苦，终会开出美丽的花，那些属于你的梦，也都会渐渐成为现实。

如果你想拥有足够的文学素养，就多去读名家名著，而不是沉溺在网络小说中。

如果你想烹制出松软可口的蛋糕，就去买烘焙方面的书，边看边实践，而不是只停留在空想阶段迟迟不肯行动。

如果你想为自己设计新房的格局，就马上去查看这方面的信息，并向有经验的人请教，而不是像考试前那般盘算着要临阵磨枪。

每个人都有自己的理想，它决定着我们的努力程度和前行的方向。理想最怕半途而废，要勇于开始，更要勇于坚持，才能找到成功的路。

没有在一起的,就是不对的人,对的人,你是不会失去的。

——《有一个地方只有我们知道》

第四章

那些擦肩而过,是上天最好的安排

很 想 和 你 说，

我 已 经 不 再 喜 欢 你

　　凌晨四点，我被手机铃声吵醒。拿起电话，那头传来苹果兴奋的声音："我来武汉串门了，欢迎我吗？"

　　我在大腿上狠狠揪了一把，这才清醒过来。

　　我问苹果："你现在在哪儿？"

　　苹果："机场呢，还不前来接驾？"

　　我应道："嘘，老佛爷您等着，小的换个衣服就来。"

　　等我到了机场，看见她孤零零地坐在机场地候客厅里啃苹果，心里一酸，上前抱了抱她："老佛爷，你怎么串门之前不跟我说啊？"

　　她嘿嘿直笑："想给你惊喜。"

我瞪她:"有惊没喜。"

看着她身后大包小包的东西,我惊讶得合不拢嘴:"你不是来串门的吧,你是打算在武汉住上个把月吧?"

她抱着我的手不停地晃啊晃,朝我撒娇道:"你最好啦,我保证不干扰你作息时间,住一个月我就走。"

我问她:"在武汉这么长时间,有什么打算?"

她咧嘴笑:"混吃等死。"

我踹了她一脚,带她回我住的地方。

她一进门,就拉开一个包,拿出一个苹果,洗完之后就抱着"咔嚓咔嚓"地啃。

我站在她身后,刚想说话。她先开口:"什么都别说,我好得很。"

要是真如她所说,那她还来我这干什么呢?我跟苹果认识了这么多年,她心里是怎么想的,难道我还能不知道?

因为苹果来了,这几天,我陪着她逛街、吃东西,把武汉能转的地方都转了个遍。最后没地方逛了,索性两个人窝在一起看网络电视剧。

我最近迷上破案剧,拉着苹果跟我一起看《暗黑者》。看到第一季结尾的时候，知道了罗飞喝酸奶的习惯源自他死去的女友，还有那句他经常挂在嘴边的"喝点酸奶吧，对皮肤好"，也是因为他的女友经常对他说。

到底是有多喜欢，才能把一个人的习惯变成自己的，才能将对方的口头禅挂在自己嘴边？我转头去看苹果，见她盯着片尾字幕发呆。

我将电脑关机，她魂不守舍道："为什么关机，这个挺好看的呀！"

我叹了口气："演完了。"

苹果这才回神，又嘻嘻哈哈地抱着苹果啃。

虽然她装得跟没事儿人一样，可是我知道，罗飞喝酸奶的那段戏，让她很难受。

因为罗飞的戏是假的，可她的戏是真的。

曾经她不喜欢吃苹果，就是因为她喜欢的人喜欢吃，她也渐渐地习惯去吃苹果，所以她现在的外号叫作"傻苹果"。

大家叫她傻，她一点也不生气，就说傻人有傻福。

以前，苹果住在我隔壁宿舍，经常跑来和我讨论一些古典诗词。她是个打扮得很潮流的女生，成天看日漫、追韩剧，能来探讨古典诗词，实在让人稀奇。

我问她原因,她毫不隐瞒地说:"因为他喜欢。"

听过别人说的很多情话,现在回过头想一想,能打动我的就只有苹果说的这五个字:因为他喜欢。

谁都在年轻的时候冲动过,为了能跟喜欢的人在一起,付出很多感情。可我却从未见过有人能像苹果这样,无论喜欢的人是什么态度,她对他始终如初。

跟苹果认识的人几乎都知道,她喜欢的人是峰子。可是峰子不喜欢她,始终只是把她当朋友。为这件事,我们劝过她很多次,想要让她放弃这段根本没有可能的恋情。但无论我们这些做朋友的好话歹话说多少遍,她仍然跟他接触。

我曾经很不理解,为什么明知道对方对她没有感情,她还要去跟他做朋友,难道她不会感到尴尬吗?

有一次,她在外面喝醉了酒,回来耍酒疯,把被子枕头通通都扔在地上,坐在地上抱着被子哭:"你们以为我想跟他做朋友吗,明明知道他不喜欢我,我还要每天对着他笑嘻嘻的,可是我能怎么办呢?他喜欢跟我做朋友啊……"

缘来缘去,都是因为他喜欢。

那天，苹果流了一夜泪，第二天，就跟个没事儿人一样，该干什么干什么，好像昨天她的伤心欲绝只是我们的一个错觉。

有一天，她把向我借的诗词书还来，有一处被她折了页，我翻开看，却是纳兰性德的《木兰词·拟古决绝词柬友》。

人生若只如初见，何事秋风悲画扇。

只是时间一直往前走，那些美好的事，也只能成为往事。

道理谁都懂，只是在悲伤难过的时候，还是会有不切实际的幻想。倘若时间能停留在最初的时光，只是隐隐约约地喜欢，而他也没有拒绝的意思，那就能傻傻地活在自己的快乐里……要是真能这样，那就好了。

在他离开那座城市时，苹果抱我哭了一晚上。

这是我认识苹果很多年以来，她第二次失声痛哭。

第二天她大清早爬起来，去车站送他，仍然笑容满面，祝他一路顺风。

在他面前，苹果一直扮演的是绝世好友的角色，演技精湛到让我佩服得五体投地。我想，也许到了现在，他仍然不知道，苹果对他到底有多喜欢。

在武汉，苹果几乎都没出过门，只是在第三个星期时，她跟我说想独自去外面逛逛，晚上回来。

她的方向感比我强，让她一个人出门，我一点都不怕她会走丢。

但是到了晚上，她仍然没有回来，我给她打电话问她在哪里。她说过会儿再告诉我，我听见那边有人在劝她别喝了，意识到不对劲，我命令她必须要跟我汇报位置，然后赶紧去她吃饭的地方接她。

到了地方，我看见她对面坐的人，微微惊讶了片刻——没有想到，让苹果念念不忘的人，竟然跟我一个城市。

同样惊讶的还有他，很显然，他也不知道我在这个城市。

此时苹果面前已经有好几个空酒瓶，她看着他很有骨气地说："峰子，我曾经很想你，知道你去过的每一个城市，喜欢过几个女生，知道你这个月订婚了，下个月一号你要办喜酒，也知道你的妻子很漂亮……"

她滔滔不绝地说着，将曾经对他的迷恋，原原本本地说了出来。峰子尴尬地看着我，似乎不相信苹果说的话。

我想去阻止她，事情过去了这么多年，说什么都无济于事，他曾经就不喜欢她，更何况现在是将要有家室的人。

苹果推开我，继续跟峰子说："我在武汉住了半个多月，一直没有打扰过你,你不用担心,我说完话就会走,以后仍然不会打扰你。"

峰子问:"那你今天到底要跟我说什么?"

苹果笑了笑:"今天是六月十日,我已经喜欢你十年了,你信吗?"

峰子瞪大了眼睛看着她,仿佛她只是跟他开了一个玩笑。

苹果说:"不管你信不信,都已经不重要了。我现在已经不喜欢你了,只是有些事,我必须要说给你听。比如,我曾经这么认真地喜欢过你。"

自始至终,峰子在一旁尴尬得不知道该说什么,苹果也没打算让他说,表白完之后,对他说了一声"再见",又朝着我说"摆驾回宫"。

我扶着她回到我住的地方,她看着万家灯火,忽然笑起来:"我等了这么多年,就是在等这一天,想要跟他好好地说声再见,然后告诉他,我已经不喜欢他了。"

我知道她的酒量,她并没有喝醉,只是有些话,她需要借点酒,壮壮胆子才敢说。

喜欢了十年的人,不是一朝一夕就能放下,可她终于有勇气给自己一个交代。说真的,我为她感到高兴。

苹果离开武汉时,我给她买了一些苹果作为路上的零食,可是这一次，她却没有把它带上路。

她说："有些习惯，是该放下了。"

我问："你心里放下了吗？"

她说："昨天说出那些话的时候，就已经放下了。"

她转身往候机室走去，看着她洒脱离开的背影，我忽然想起以前看过的一段语录。

我问佛："如果遇到了可以爱的人，却又怕不能把握该怎么办？"

佛曰："留人间多少爱，迎浮世千重变，和有情人，做快乐事，别问是劫是缘。"

我慧根太浅，不能理解这段话全部的意义，却依稀明白，世间事，皆有因果。该爱时，尽情爱，到了该放下的时候，自然就会放得下。

错过他，成就更好的自己

十一月，我的QQ签名更改了：

我们曾经以为自己非他不可，以为离开那个人，全世界都会变成灰色，而当对方真的离开后，我们的生活还是如往常一样。

我刚换完签名，就有一个昵称叫"不吃鱼的猫"的人加我为好友。她把我签名里的这段文字截图发来，末尾跟着几个大哭的表情。她对我说："你都不知道我这几年是怎么熬过来的，那个人从我的世界里消失了三年，我也就想了他三年。哪里像你说的那样，'他离开以后，生活还是如往常一样'，明明是生活与以往大不同了。"

我问她："在他离开你以后，你在做什么？"

她不假思索地回我:"当然是一直想着他了。"

我在键盘上敲下一句话:"你从来都没有尝试过去忘记他,又怎么能像从前一样生活呢?"

看,这就是我们奇怪的思维方式:一方面明明知道那个人已经从自己的生活中离开了,也知道他不会再回来;而另一方面却抱着回忆,迟迟不肯放手,假装他还在身边陪伴自己。一遍遍地温习着与他在一起时的一切,一遍遍提醒自己,他从什么时候开始走进了你的人生,又是从什么时候开始渐渐地远离你的世界。

你还记得,大冬天里,他跑很远的路去给你买奶茶暖手,而他的脸却冻得通红。

你还记得,每个放学的下午,他推着自行车陪你走过开着蔷薇花的小路,只为刻意制造浪漫的气氛。

你还记得你们第一次争吵,你哭得差点背过气去,他则像个做错事的孩子,一直低着头,渴望得到你的原谅。

……

他离开的时间越久,那些小事你就记得越清楚,回忆里的那些情节不断地被重放。你自己也知道,越是去回忆那些陈芝麻烂谷子的事,心里就越难过。可你就是忘不掉,也舍不得忘掉。

你总觉得，如果没有这些回忆做伴，你的生活相比从前会过得单调、乏味。

你在心里会这样想：再想他最后一天就好，从明天开始，一定试着把他忘掉。可明天过后又是一个明天，他始终在你的心中，就算你嘴上不说，心里也还是想着他。

有时就连你身边的朋友都看不下去了，对你说："你们互相都喜欢着对方，却没能走到最后，这说明你们缘分不够，你再纠结也不会改变什么，何不放手，让自己自由？"

你将这句话左耳朵进，右耳朵出。你们恋爱时那么快乐，现在分开了，怎能说忘就忘呢？

你有没有想过，一直忘不掉他，并不是因为你真的非他不可，而是你从来就没有想过要忘记他。你把想念一个人当成了生活中不可缺少的事，如果不去做，你总觉得这一天缺了点什么。习惯是一种依赖，克服依赖的过程就是一种修行。

谁说人一要直往前走，永远不准回头看？如果有一天前方的路让你头破血流，为何不选择回头呢？

想一想，在没有遇到那个人之前，你本就过得不错。只是他来了，你对未来有了别样的期待。你期待他能融入你的生活，期待他能与你共同创造不一样的未来。

　　这个世界终究不是你一个人的，它不可能完全按照你的心意去发展。他的离开，令你出乎意料，你伤心了，难过了，认为你的世界从此只剩下自己。你有一种深深的被抛弃感，顿时对周围的一切都失去了兴趣。

　　"不吃鱼的猫"最近总在QQ上跟我聊她的生活。昨天她跟某某去购物了，今天去茶吧享受了下午茶，这些天她又看了些什么书，有什么心得体会，等等。

　　我给她发了一个微笑的表情，问她："最近没见你再提那个让你生不如死的前任了，怎么，这是要把他彻底遗忘的节奏吗？"

　　她也回了个微笑："没有缘分的人，无论再怎么想，他都不会是你的。既然如此，我为什么要为难自己。我已经为他活了三年，一个人的青春能有多少个三年，我也是时候该为自己活一回了。"

　　对这姑娘的大彻大悟，我赶忙给她点赞。既然感情已经没有结果，你也试图去挽救过，最后仍然没有在一起，那么就干脆告别吧，未来的时间里让自己变得更好。适当的伤感和回忆能让你懂得珍惜，但如果过度沉迷于此，只能是虚度光阴。

小A是我认识的女孩子里最胆小的一个,她一旦受了伤害,就习惯性地做一只缩头乌龟。她跟我说,谈了五年的男朋友,最后莫名其妙地和她分手了。

说莫名其妙一点也不为过。他们两个都将对方当成手心里的宝,套用一句俗得不能再俗的话:捧在手掌心怕摔着,含在嘴里怕化了。可就是那么小心翼翼地呵护着对方,结果还是没能走到最后。

分手的原因很简单,两个人因为一件小事发生了争吵,后来男生忽然就不想继续这段感情了,没有外人插足,也没有大吵大闹。"分手"二字说出后,小A当时以为那个男生只是内心疲倦,想找个借口,暂时休息一段时间,所以就以退为进地答应了,没想到他竟然是铁了心要离开她。两个人五年的感情,就结束在一件小事上了,听上去很令人惋惜。

感情就是这样,来的时候山盟海誓,对彼此好得无可挑剔,恨不得将天上的星星都摘下来送给对方。一旦哪天不想爱了,又会决绝地转身就走。悲欢离合,易如反掌。有时候,真让人分不清,那场恋爱到底是真的还是自己的幻觉。可回过头仔细地想,那时候你们明明爱得如胶似漆,感情好得要命,怎么现在就天各一方,成为两条永不相交的平行线了呢?

因为他对你太好了，好到你认为他不会舍得你难过。所以在他离开的时候，你一个劲儿地去后悔，去流泪。你感到内疚，觉得自己应该受到痛苦的折磨。你一遍一遍地回味痛苦，这是你对自己的惩罚。

所有对从前的纠结和对前任的念念不忘，大多都是因为害怕以后不会遇到比他更合适、更好的人。过去是已知的，而未来是一无所知，所以，活在过去比面对未来更有安全感。我们会为自己找各种借口来眷恋过往，因为害怕分离之后一切又要重新开始，而且一切都是未知。

他走的时间越长，你的想念就越深。很多人把恋爱比作罂粟，会上瘾，戒不掉。谁说不是呢？现在的他，对于你来说就是那么难以割舍。

可是就算你再留恋，他也不会跟你重新谈一场让你心动不已的恋爱了，更不会跑过来跟你说："亲爱的，我终于知道我是离不开你的。"

你也知道，他走了就是走了。有些东西一旦打破，就再也拼凑不起来。你们的缘分，在他跟你说再见的时候就已经断了，无论你再怎么想念，他都已经与你无关。曾经属于你的那个他，已经留在过去的时光里，不可能再陪你走进未来的生活。

也许有人会说："你现在是站着说话不腰疼，因为你没经历过刻骨铭记的爱情，所以才会说出这些不痛不痒的话来。"

我刚上大学不久，在郁郁葱葱的榕树下邂逅了我喜爱的男孩，后来我们自然而然地走在了一起。恋爱里没有太多的轰轰烈烈，可是却很温暖，那时候我就在想：要是一辈子都这么过下去该有多美好！

后来，时间证明了一切，越是美好的东西越是难以保留。

我们也没能逃离"分手"的结局。只是时间太久了，久到我都想不起分手的原因。

与他再次见面，是三年后。他对我说："不知道为什么，这些年我总是会想起你。"

说来好奇怪，当时的我并没有想哭的冲动。可能是时光已经让我对过往看得很淡很淡，曾经对他的爱慕也已不在。我知道他说想我，是因为我们是在感情最好的时候，选择了离开。他的想念，也只是想念那段感情里的我们。

恋人在彼此没有相看两生厌的时候就离开对方，这样最好。刚开始会有一些心痛，会有一些不舍，可他们却在彼此的心中留下了最好的印象。

一段感情中，如果两人都尽力了，最后结果还是要分开，那只能说明你们之间没有缘分，即使当时勉强地维持了关系，最后也免不了要说再见。既然结果都一样，何不让两人以最好的状态离开？这样两人在彼此的心里永远都是美好的。

开始的开始，你强颜欢笑，假装遗忘；最后的最后，发现他渐渐走远，才明白当初，是真的留他不住。

如果你真要挽留这段感情，那就大大方方地去坦白你的想法，不要哭，不要求，也不要将自己多年的付出一一列举个够，更不要将对方的缺点和不足拿来作为你攻下堡垒的武器。尽量让自己保持优雅的姿态，在不伤害彼此尊严的基础上，努力挽留和争取。

即使结果仍不如意，也不会影响你在他心中的形象，更不会使未来的自己后悔。

几年之后，你回头再看过去的自己，会发现那段感情竟然使你有了翻天覆地的变化。你的内心变得强大了，也比从前更懂得享受生活、爱护自己，最关键的是，你不会再为失恋痛不欲生、四处哭诉，而是总结经验教训，收拾好自己，开始为下一段美好的爱情做准备。

你要相信，付出就会有收获，这个道理在感情世界里同样适用。

你难以想象，错过了他，竟然还能成就一个更好的自己。

你难以想象，离开了他，你竟然还可以精彩地过一生。

这 世 上，

没 有 谁 离 开 谁 就 会 活 不 了

  以前看到一个故事，讲的是男主深爱女主，爱到非她不娶的地步。令人惋惜的是，女主嫁作他人妇，男主则整日喝酒买醉，最后冻死在街头。事后女主得知他竟然爱自己到这般地步，变得整日抑郁寡欢，不久也跟着离世了。

  半夜睡不着的时候，我打电话把这个故事讲给了香香听。等我嘻嘻哈哈地讲完这个故事之后，她那头哈欠连连，只回了我三个字："真狗血。"

  我说："哎……你怎么不感动呢？我耗尽心血给你讲这么打动人心的故事，好歹你也该有点表示啊！"

她回我:"你都多大了,这种故事是用来骗小女生的,你以为你还年轻吗?"

话音刚落,我就"嗖"地从床上爬起来,匆匆跑到卫生间去照镜子。眼角没有鱼尾纹,脸上没有皱纹。哼,那丫头居然敢说我老了。转即,我回击揭她的伤疤:"你那么现实,那是谁前两天抱着我大腿哭得死去活来,说没有那谁谁就活不了的?"

那头忽然沉默了,我知道这番话准是勾起了这姑娘的伤心往事。其实,香香是个好姑娘,为人老实,做事勤奋,她为了许自己一个明媚的未来,愿意倾其所有。在她的人生规划里,当然也包括她的男友。奈何理想很丰满,但现实很骨感。就在她为之努力奋斗的时候,他却牵了别的姑娘的手,理由是:突然感觉不对了。

即使这样,她也没有去找他理论,更不像其他姑娘那样死缠烂打。她就这么安静地接受了他的离开。很多朋友都说:"你为你们的未来努力了这么久,如今他就这样走了,你总得知道理由吧?"

她摇了摇头,像一只受伤的小狮子,表现得像对这些丝毫不感兴趣。那天她的影子被夕阳拖得很长,就像那句歌词唱的:"又是一年七月晚风凉,斜阳渐矮只影长。"

我知道她心里非常难受,用尽全部力气去喜欢,不计较对方的给予与付出，不在乎对方的感情深浅。只要他还需要，只要她能给予。

"我本将心向明月，奈何明月照沟渠。"你把他当成你的重心，他却把别人当成重心。

如果你哭泣，他还会像从前那般温柔地帮你拭去泪水，似乎什么都没变过。可你心里却比谁都清楚，有些感情，变了就是变了，再也不可能回到从前。

你懂得，感情里抓得越紧，失去得越快。可你明明没有抓着他不放，他还是这么轻易地跑掉了。

失恋并不可怕，因为每天都会有人承受离开的痛苦和悲伤。可怕的是，那个人在一直往前走，去寻找属于他的光和热，而你却将自己封闭起来，深陷在过去的甜蜜时光里不肯走出来。

常常想起相爱时那些微不足道又令人感动的往事——你生病，他陪你去医院打吊针，半夜你困得睡去，他却熬夜给你守吊瓶，怕液输完了，没人拔针头——眼泪就会不自觉地流出来。

人都是要面子的，两个人分手时，你装作一副事不关己的样子，后来却在人前人后细数回忆的甜蜜与感动。那些渐渐褪色的往事在你心里变得愈发珍贵。也许，你会忍不住在夜深人静时自省，也会有一丝后悔，如果当初自己努力挽留，他是不是就会留下来？至少也会犹豫要不要分……随后这点微弱的自省，又被自己高傲的自尊狠狠扼杀。

有时候，我们越是期待发生的事，就越不会发生。生活好像就是一台制造尴尬的机器，你越是极力去避免，反而越容易遭遇尴尬，想逃都逃不掉。

刚分手时，香香绝口不肯提男友的名字，她总是习惯用"那谁谁"来代替。有次在网上聊天，她发了一个尴尬加大哭的表情给我，后面紧跟着一句："逛街遇到那谁谁跟他女友了，我硬是没躲过去，女孩挽着他胳膊，他笑得特别开心，看得我心里别提多难受了。"

我对她的心情感同身受，每个女孩都希望对方将自己放在心里特别的位置，即使是分了手，对方也要在心里留个位置给自己。

当你看到他离开了，并且过得很好，完全没有因离开你而变得伤心难过，你很失望。因为他走后你过得并不好，你在原地徘徊，将自己困在过去，你以为自己掩饰得足够好，其实你瞒过的唯有自己而已。

我跟香香说："姑娘，他都幸福了，你还在抱什么幻想呢？赶快放手寻找你自己的幸福去！"

她说："我早都放手了，在他决意要离开我的时候，我就死心了。"

我摇了摇头："'放下'不过是你安慰自己的借口。真正地放下，不会关注对方的一举一动，而是坦然地面对过去。一段感情逝去，就收拾好自己，重新上路，将生活过得有声有色，而不是细数过去的种种，让自己完全失控在情感的漩涡中。"

你看，我们总是信誓旦旦地说："你走吧，走了之后我就立马将你忘掉，我要证明活得比你要快活一百倍。"然而，事实是不会骗人的，你日夜闷闷不乐，无法控制地回忆往事，就像失去了灵魂。倒是当初听你说这番话的人，活得自在潇洒。

其实，我们都一样，越是假装坚强，让人看上去无所谓，心里其实越在乎，越难以自拔。有时候大大咧咧，只是想掩饰自己的尴尬，怕被对方看透自己内心的想法，更怕对方知道，原来他离开以后，我们过得一点都不好。

你不明白，为什么有些人失恋，能迅速满血复活，而有的人却像脱胎换骨一样，再也找不回当初的那个自己了。他们是不是从不曾彷徨？

身边的朋友都劝你将他遗忘，找回那个活泼开朗的自己。你坚强或不坚强，他都已经离开；你舍得或不舍，他都已经幸福；你再念念不忘，他也不会再回来。回忆既然让你感到疼痛，那你就干脆别再去想。当你感到孤单寂寞的时候，不要忘记朋友会一直陪伴着你。

你可以不坚强，也可以害怕孤单寂寞，却不能将完整的自己丢掉，更不能把一生的时间耗费在不值得的人身上。人生路那么长，也许一路上会跌跌撞撞，会受伤，会偶尔乱了步伐，但只要你不放弃，幸福便会如影随形。

你终会明白，能够始终陪着你走到人生尽头的，只有你自己。

香香说了句很经典的话："那些失恋后哭得死去活来的人，其实都是圆了自己的表演梦，在戏里做了回痴情女一号。梦醒时分还是要回到现实，戏演得再逼真也没用。"

这世上，没有谁离开谁就会活不了。即使你再爱一个人，他的离开也不至于让你舍弃生命。

最初你们走到一起，是因为遇到他，你的生活变得更加美好了。如今他感到不快乐，选择了离开，而你的生活还要继续。其实没有他的日子里，你也可以过得很好，你有更多的时间做自己想做的事，哪怕在阳台的躺椅上慵懒地躺一下午。

香香发短信说，她现在过得可自由了，忽然发现，没有爱情的生活竟然这样轻松。

我回复说："是的。如果不拿别人的错误来惩罚自己，你的人生其实可以很美满。"

不要让爱你的人慢慢远去

某一天，我忽然想起她，打电话过去，发现拨的是空号，我脑子里一片空白。想起从前，我们的关系好到可以穿一条裤子，俩人每天都形影不离，不记得从何时起，我们之间就渐渐疏远了。

上高中时，我们是最令人羡慕的一对好朋友，彼此形影不离。在学习上我们互相帮助，互相监督，老师知道后还在班里夸赞了我们，说做朋友就该像我们俩这样互帮互助，共同进步。

我还想起童年时的自己是多么淘气，总喜欢玩恶作剧去捉弄她。嘲笑她眼睛小，又高又瘦的身材，仿佛马路边的电线杆。

那时候的日子无忧无虑。我们都天真无邪，每天都充满了欢声笑语。直到高考报志愿那天，因为知道了我填报的学校是外省市的，她红了眼眶，继而问我，说好的留在家乡，为什么要变卦。

  我忽然想起，报志愿前我们约好了都不远离家乡，我却临时起意换了学校。我冲她没心没肺地笑："没事的，'海内存知己，天涯若比邻'，离得远点了而已，又不是永别。"

  真的是这样吗？天各一方的我们，距离太远太远，每逢过年回家，我都格外珍惜与家人在一起的机会，几乎不怎么出门。而她，在得知我回来时，总会往我家跑，不论天气有多么恶劣。

  她常常跟我讲学校里发生的有趣的事，总能逗得我捧腹大笑，不得不承认她们的校园生活更丰富。

  她也会跟我谈论些书，推荐给我她认为比较好看的书，我笑她："什么时候变成文艺青年了？"

  她一脸羞涩地跟我说自己正在与一个男生交往，想请我帮忙把把关。我却不假思索地说我不了解对方，无法帮忙参谋，只要她觉得开心合适就好，这种东西还是需要自己去感觉的。

  她突然说家里有事，还来不及等我的回应，就起身走了。可能是我们太熟悉了，也可能是她来得太频繁了，我也没想过要出门去送，就随她去了。我的家人碰巧遇到了她，回来问我，她怎么哭了，是不是我们吵架了。我一愣，想着我们感情向来很好，估计是她的眼睛里进了东西，或是忽然想起了什么伤心事吧！我也没有多想。

我从未想过，未来会有一天，我们不只是距离越来越远，连心也渐行渐远。

我翻着同学留念薄，看着她傻傻的大头贴，还有那一行娟秀的小字，她写道："致我最亲爱的闺密，我们永远在一起。"

看着这段话，我不知道为什么自己忽然哭了。我终于明白，高考就好像是人生的分水岭，从改写志愿的那一刻起，许多事情就已经变了。

有一次在街上，我看到两个小女孩为了一件事争得面红耳赤，心忽然有一种说不清的疼。曾几何时，我们也像她们那样吵得翻天覆地，过后我觉得自己好傻，有些事无论争得有多凶，也不会有什么结果。当时她笑我什么都要争，我后来想想，好像还真是这样，我习惯了与她争，考试成绩要比她高，跑步要比她快，就连头发也要留得比她长。

大学这几年，我也给她留过言："这是我的好姐妹，留个脚印盖个章，谁都不准把她抢跑。"

她也曾在QQ的个性签名中写道："此女已有所属，请勿搭讪。"

她男朋友还为此吃了好一阵醋,说她重友轻色。她笑着对我说,他那是嫉妒咱俩这十几年的革命友谊!

我们认识了十几年,彼此都见证了对方的成长。我们要好时,恨不得天天黏在一起,永远不分开,就连上洗手间也要手牵手。可我们吵架时也会像别人那样毫不相让、针锋相对,专挑难听刺耳的话说,恨不得句句戳中对方要害。有很多次,我们撕破脸,差点就老死不相往来了,而我们却知道,无论吵多少次架,我们对彼此的感情依旧如故。

我们在大家的惊叹声中一次次吵架,一次次握手言和。

我心里很清楚,她对我是极好的。我远走他乡到外地求学的那几年,她经常会给我寄一些家乡的特产,让我随时随地感受到家的味道。

每年冬天我都不用发愁买什么样的围脖最能保暖,因为她总会亲手编织当年花样最流行的围脖送给我,让我戴上它,走到哪儿都暖暖的。

想到这里,我好像找到了她跟我疏远的原因,打开QQ想给她留言,却发现找不到她了,大概是她更换了昵称。我无奈之下,只好在空间里写道:"请×××看到这条留言,给我发个消息。"

后来我终于联系到她,获得了她的电话号码,我迫不及待地打过去,这时候,我居然不知道要怎么开口。

我们已经从无话不谈到无话可说,我们以为无论时间过去多久,彼此之间都会有说不完的话,可现在看来,好像根本不是这样。就在我结结巴巴地想说些什么的时候,她先开了口。

我听到她用淡淡的口吻跟我说:"我们还是朋友,只是不像以前那么好了。"

我后悔至极,是自己将那么珍贵的友情挥霍一空了。

人往往在最难过的时候,才忽然明白,对你而言,谁才是最重要的。

我想起从前亲密无间的我们,想起每次伤心难过的时候,她都陪在一旁听我哭诉,递纸巾安慰我。我还想起她曾对我说过的:"这辈子什么都可以丢,唯独不能把你丢掉。"然而,再看看现在,我无奈地笑了。

我翻看我们那时候在QQ上的聊天记录,在长长的几百页的聊天记录里,基本上都是她在说话,事无巨细。那时候我嫌她啰唆,甚至有时还会故意把状态调成忙碌或勿扰。如今再也没有人骚扰我了,也没有谁愿意不厌其烦地将自己的故事分享给我听了。

原来我觉得她那样令我很烦,而现在的我却开始羡慕起曾经的自己。

曾经在我看来啰唆的话，不过是她想引起我的重视，想让我参与进她的话题。我可以不理解，但不能去敷衍，哪怕正儿八经地问她"为什么一定要翻来覆去说这些琐碎的事情呢"也比敷衍要好。

我拿着她送我的那条围脖黯然神伤。她对我好的时候，我理所当然地享受她的体贴、温暖，却从不曾给过她回应。等我想去挽留的时候，却发现一切都已经太迟。

她把我当作重要的人。与男孩子交往时，让我第一个帮她把关，那是对我的信任，而我却寥寥几句就敷衍了她。有时候，冷言冷语不伤人，往往是亲近的人不经意表现出的不在乎才最伤人。几次三番，我所传达的都是，你对我而言已经不重要了。

也许我从未注意，她喋喋不休的家常总是被我三言两语就打发了，我让她感觉到，我们之间隔着的，不仅仅是时空的距离，还有心与心之间的距离。

我恍然大悟，原来她一直在等我。

我以为愿意等待的人，必定会习惯等待，却忘记了，在这个世界上，没有谁会无限期地等着你，更没有这个义务去等你。

我总是让她等，让她一味地向我靠近，却从未想过，无论是多么有耐心的人，终归也会有疲倦的一天。我也会厌倦等待，也会害怕等到最后，仍然是一个人的独角戏。

这世上没有人会无缘无故对你好，也不会有莫名其妙的离开。无论你们的感情有多好，无论你们之间多亲密，都不能忘记，就算那个人再坚强，性格再好，他的内心也都有脆弱的时候。有时，也许一转身就是永别。

看到这里的你，如果身边也有这样一个她，请不要因为她半夜给你打电话就不耐烦；请不要因为她把所有的生活琐事都倾诉给你就说她啰唆；请不要因为她哭哭啼啼地诉说在你看来微不足道的事，就鄙视她小题大做，嫌弃她多愁善感。

其实她想要的并不是千言万语的安慰，也不是多么意味深长的交谈，她想要的不过就是心贴心的交流，难过时能听你几句安慰的话，开心时能与你分享。只是想自己无论是快乐还是伤心的时候，总有朋友在身边陪伴。

有的人一直在说自己遇不到真挚的朋友，可从来没有仔细审视过自己，为什么会得不到友谊。

你不要总是充当一个索取者，友谊是互相地给予和陪伴，不能只是一味地享受而不去付出。没有人愿永远成为你的一个附属。

世间所有的感情中，真挚的友情最珍贵，不是每个人都能遇到一个无私地对你好的人，不要让爱你的人慢慢远去，成为一种无法挽回的遗憾。

有 生 之 年 ，

你 会 不 会 遇 到 那 个 人

    每个人的内心，都藏着一个别人无法触碰的地方，就像伍佰《挪威的森林》的歌词里写的：

    那里湖面总是澄清
    那里空气充满宁静
    雪白明月照在大地
    藏着你不愿提起的回忆
    ……

不愿被人提及的回忆，不一定都是伤感的往事，也许还有让你快乐的事。之所以不愿被提及，是因为迄今为止你还没有遇到更有意思的人，没有遇到能够让你将那些回忆彻底忘掉的人。

　　时间是永恒的，而生命却很短暂。你问我，有生之年，你到底会不会遇到那个人，让你忘记过去所有的苦痛。

　　你曾跟我说，你还年轻，给不起她爱，要等到你们都成熟之后，再亲口告诉她，你爱她。

　　每次放学，你看着街上手里提着公文包的上班族，总觉得他们很酷、很成熟。你无限期待着，自己有一天能和他们一样，去做你想做的事，每个月有固定的工资，不用再去面对永远也写不完的作业。你畅想着，只要有钱，你就可以给她买玫瑰花，买戒指，买她喜欢吃的零食。这些未来，光是想想就令人陶醉！

　　恋爱的时候都是如此，总是想把最好的东西留给她，哪怕你想送的是对方不想要的，总是想让别人都觉得她跟自己在一起是幸福的。人年轻的时候就是不知天高地厚，觉得只要有感情就行了，其他的外在因素都统统不看在眼里。

　　跟你玩得好的哥们都知道你很喜欢她，但是那个字，你始终没对她说出口。你始终相信，她是知道的。你们之间需要的只是时间，你在等待机会，等一个能够给她幸福的机会，却不知道，你在等待机会的同时，有些东西正在慢慢地发生改变，比如感情，比如她。

当她很明确地告诉你，她只是把你当成好朋友的时候，你忽然有种欲哭无泪的痛苦。你知道会有被拒绝的可能，却没想到这么快就变成了现实。

也许要到很久之后，我们才能领悟：不是所有的事，都会如预料中那样发展；不是所有的人，都会在原地停留；不是所有的爱，只要付出就能得到回报。

你很想问问她："如果真的只把我当朋友，为何每天都坐我的自行车呢？又为何会收下我用打工两个月赚来的钱买的那枚小戒指呢？"

你甚至更想问她："如果没有喜欢过我，为何每次伤心难过的时候，都会在我面前掉眼泪？"

在那段时光里，她就是你的全部。你想放弃这段无果的感情，又怕放弃之后，自己的世界里从此再也没有她。

你在心里对自己说，再等等吧，也许她现在还不能确定自己的心，也许过两年，她在外面受了伤，才会发现你的好，接受你的感情。

你坚信自己能够等到这一天。

万一哪天她发现了你的好，想回到你身边，却找不到你，你就会错过一次相爱的机会。你怕这种小说式的情节会出现在你的生活里，所以你总与她保持一段距离，就如朋友一般，不再让她随随便便坐你的自行车，也不再送她礼物。

她已经有整整两个月没跟你联系了。在没挑明关系前，她什么事都会跟你讲。她搜罗到好看的笑话，会第一个转发给你。可现在，你们竟然无话可说。

你就这么浑浑噩噩地过了几个月。一次你发高烧请假在宿舍休息，莫名地，你忽然想给她打电话，想听听她现在的声音。你硬撑着眩晕的脑袋从枕头底下拿出笔记本，里面有她的新号，那是你从朋友那找来的，可你从来不敢记住它，怕它会刻在心里，再也抹不去。

"最近过得怎么样？"

"你是不是感冒了？"她听出了你声音的异样。

你没告诉她你是谁，可她还是听出来了，也知道你生病了。就在那一刻，你忽然特别想哭，觉得喜欢她那么久，到底是值得的。

不久，她拿着水果，还带了一盒感冒药来看你。你也不知道她用了什么办法，才说动宿管阿姨同意让她进来。那一刻，你猜想，或许在她心里，有那么一块地方是属于你的。

当她把男朋友正儿八经地介绍给你时，你的心仿佛空了一块。

你听见她跟男朋友介绍自己是"从小到大的玩伴,任我欺负蹂躏的对象,好人一个"。

尽管你知道早晚会有这么一天,可真到这天来临的时候,你的心还是会痛。

那天你不知道自己是怎么走回去的,你知道自己跟她没有半点可能了。

从前她拒绝了你,你不肯死心,说她是不懂得什么是爱。可是现在呢,她有了男朋友,你还要欺骗自己说她不懂什么是爱吗?

明明是你先遇到的她,把她当珍宝一样捧在手心里呵护,可她最后喜欢的却是别人。感情的世界若能强求,你会拼尽全力把她争回来。

他拉着她的手,她幸福的笑容是你从来没有见过。那一刻你终于肯放手,因为你明白,她在你身边,永远也不会出现那样的笑容。

你努力了那么久,也付出了那么多,所有的青春都为了她绽放,所有的花都开在了那一季。可是后来,世界的灯全都熄灭了,爱情世界里,就只剩下了你一个人。

后来有个女生向你表白,你当时就答应了。

踏入社会的那一刻,你的恋爱也宣告结束。也许你从来也没有爱过那个女生，也许你的心里装的一直都是她，所以分手的时候不痛不痒。

原来爱上一个人如此简单，而忘记一个人却那么难。

此时的你已经有一份不错的工作，每个月拿着不菲的工资，有足够的能力去给喜欢的女生买任何礼物，无论是玫瑰花，还是名牌。可你却不知道送给谁。你曾经那么渴望的成熟，其实并没有那么好。

有一天，你在QQ空间里看到朋友转发的一张照片，差点掉下眼泪。那照片里，她穿着洁白的婚纱，小鸟依人般靠在旁边的男人的肩膀上。

她要结婚了，那么你呢？

你们终究是没有缘分的。你一路走来，几乎将所有的时光都用来爱她了。在这段时光里，你失去了多少，又得到了多少？

青春已经走过了一半，难道剩下的这一半你还要这样耗下去吗？

过去的时光再美好，也都是回不去的记忆。你在她的世界里盘旋不去，就无法在自己的世界里找到重心。

如果终究不能在一起，就请你潇洒地离开，趁一切还来得及。

你应该给自己一次重新去爱的机会，或许那个人也爱着你。只有这样，你才能体会什么是真正的快乐。

终有那么一天，你会看见一个让你再次怦然心动的女生，你会像当年一样，疯狂地去追求她，去给她买玫瑰，买戒指，甚至把自己的工资卡交给她。而她非但不会拒绝你的好，还会在你说爱她的时候，伸出双手拥抱你。

　　直到你遇见一个能为你的世界点亮明灯的女孩，你才会懂得，什么才是你真正需要的，什么才是你应该去拥有的。

　　所有的痛苦都不是别人给你造成的，你的执迷不悟多半是因为自己的不甘心，你不愿去承认自己错误的期许，所以才会把时光浪费在不属于你的地方。有些事总也实现不了，比如你喜欢的人始终不喜欢你，那就证明你们并不适合彼此，能走到一起的人从来不是一厢情愿。

　　所以，要尊重别人，也尊重自己。如果终究不能在一起，就请你潇洒地离开，趁一切还来得及，把时间和精力用在属于你的人和事上，你最后得到的一定是你想要的。

给 时 间

一 点 时 间

年少时,总认为错过就错过了,没什么好可惜的,人生路还很长,总能遇到更合适的人。当我们长大后,才发现最初的人才最令我们心动。

有时候越是坚信的东西,反而越脆弱。看似牢不可破的感情,却可能因为一句话、一件事而发生改变。

一次听广播,一个叫笑笑的女孩,请主持人先放一首歌——《爱情怎么可以喊停》。

一曲终了,她开始讲述自己的故事:

她跟男友分手了,原因是听别人说他已经有了结婚的对象。她本来还有所怀疑，但他的妈妈给她发来了他与别的女生的合照。一怒之下，她连分手都没说就直接离开了家乡。

"你为什么不直接问他，也许是他母亲骗你的呢？"主持人问她。

"他有我朋友的电话，有我的QQ和微信，可我走之后，他一直都没有动静，我还能怎么说呢？一个人如果真的想联系你，还怕找不到吗？"

主持人沉默着，女孩突然哭了。

她说："后来我才知道，他没有跟任何人在一起。我离开了以后，他就孤单了很久。"

"现在你都知道了，去跟他表明你的心意，说不定可以挽回这段感情。"

听到这话，她哭得更厉害了。

"来不及了，今天是他结婚的日子。"

这世上最快乐的事，你未娶，我未嫁，此时你我互相喜欢。

这世上最痛苦的事，你已娶，我未嫁，此时我仍爱你，而你却已经不再爱我了。

这世上最令人后悔的事，当初你认为做得最正确的事，到头来却是最荒唐的。

不要以为错了就错了，只要还能改过来就好。事实证明，有些错，一旦犯下，便永远不能更改。

笑笑说，当她知道他要结婚的时候，给他打了个电话，祝他新婚快乐。他礼貌地说了声谢谢，然后问她过得好不好。她不假思索地说："我很好。"

她怕他知道自己过得的不好，又要担心。他既然有了家庭，就不该再为别的女人分担忧愁。她决定把他当朋友，也许这会很难，但这么多年都熬过来了，也不差这一次。

电话挂了，可《爱情怎么可以喊停》的旋律还萦绕在我的脑海里：

还是想要靠近

只怕再靠近

就一错再错的错下去

不可以

再纠缠你的身影

不能再让你为我担心着急

我努力忘记

可是爱情怎么可以喊停

和你在一起就像是在阳光里

快乐到不想分离

为了你什么都愿意

  忽然想起一清的故事。他的婚礼上,前任跑来大闹,让双方家长都很气恼,最后硬是叫保安把人给拉走了。

  一清比我高两届,他跟前任曾经也是爱得非你不嫁、非你不娶,最后也是因为这样或那样的原因分开了。前任一定是感到不甘心,才有了这场闹剧。

  其实前任不是那种胡搅蛮缠的女孩,她很有主见,也很有智慧,只是爱情让她迷失了自我。也许她跟笑笑一样,都因为误会而放弃了喜欢的人,发现自己错的时候已经来不及,只想再努力地闯入对方的生命里。她认为,爱一个人就要千方百计地和他在一起。

  这是很多人都会犯的错吧。你们曾经两小无猜,只要能令你感到高兴,他可以为你做任何事,哪怕去摘天上的星星。那时候你要多快乐,有多快乐。

  现在的你们,各有各的生活。你们偶尔也会联络,聊聊当下的热点。他会问你最近的状态,主动说他现在过得怎么样,只是不再与你分享他的喜怒哀乐。

你站在原地，以为凭借着曾经的美好，就能让现在的他回心转意，所以你重复着跟他讲述当初的点点滴滴——你们从相识到相知再到分手，如今你又是怎样后悔。他不会挂你电话，可也不会回应你的话题。

你把这当成是一种宠溺，却不知其实他是出于礼貌。因为曾经疼爱过你，所以不忍让你伤心。千万不要将这些误认为是爱的体现，他只是念着过去的情分罢了。

其实，很多人都曾有过这种心态，所以才迟迟不肯放手，总是陷入回忆里，与自己纠缠不休。就如同一清的前任，明明知道他都要结婚了，还偏要到婚礼上去闹。也许是天真地以为，只要他愿意跟她走，她一定不再放手了。可结果呢？她让一个很美好的婚礼变成了一场闹剧。

现实终归是现实，它不可能出现小说里的情节，他不会跟前任走，更不会丢下他新婚妻子。他有他的责任，前任不为他考虑，他自然也不会再为她多想一分。这是公平的，虽然听起来很残酷。所以前任不仅没有得到她想要的幸福，反而连他最后的一丝关心都失去了。

如果前任不那么任性，或许在他心里始终会有一个角落为她保留，那里有她恬静的笑容，有她撒娇时的可爱，还有她受了委屈哭红了眼时的惹人疼惜。这些本是她留给他的最美好的回忆，而现在因为她的不甘心全都破灭了。

每个人都会认为自己是例外，直到最后看到不想要的结果。有时候，遗忘，是最好的解脱；有时候，沉默，却是最好的诉说。不要埋怨别人让你失望了，怪你自己期望太多。

我们经常说，你只有懂得爱自己，别人才会珍惜你。所以我们做事，总习惯按照自己的意愿来。喜欢，就大胆地去行动；想分手，就会决绝地离开；后悔，就尽情地去追逐。却忘记了，对方也有自己的思想，他们也会心痛，也会委屈，也会因为你的所作所为而改变。人必须要为自己的所作所为负责，既然当初你肯那样做，如今也别再为此而后悔。

给时间一点时间，那些过得去过不去的，都将过去。

总有一天你会明白，岁月带走恋情的同时，也教会了你如何成长和面对。原本你以为这辈子非他（她）不嫁（娶）的人，终有一天你也可以把他（她）当成普通的朋友来对待。就像加西亚·马尔克斯说的那样："即使最狂热、最坚贞的爱情，归根结底也不过是一种瞬息即逝的现实。"

过去也许永远难以忘怀，但一定要学会轻轻将它放下。

身在迷途，
让我们都忘记了归途

有天我陪朋友小米逛街，大半天的时间，她竟然只买了一堆男士的衣服，什么也没给自己买。我就笑她，有了男朋友，连自己的衣服都舍不得买了。

记得在大学的时候，她是我们宿舍最爱打扮的，可自从交了男朋友，把钱都拿来给男朋友花了。这事儿曾一度成为她的笑柄，她倒是无所谓，依旧不改为男友埋单的习惯。毕业很久之后，她跑到武汉来见我，我特地带她去逛街，结果她依然是只顾男友而忽略自己。

我问她："你对他那么好，他对你有没有比从前好一些呢？"

她沉默了半晌，摇了摇头。

"那你怎么就能一如既往地死心塌地呢？"

"因为我爱他啊！"

我点了点头，看着她手里提的那堆男士衣服，而自己身上的衣服还是大学时买的，我知道她这么节俭，完全是为了那个人。

我说："小米，你有没有想过，离开他一阵子，就当作他从来不曾来过你的世界，为自己好好活一回。"

小米的世界，除了有一堆乱七八糟的工作之外，只有一个不爱她的男朋友。我总是劝她："放掉手上的那些兼职，不要太拼命。你挣再多的钱，他依然不爱你，这样有什么用呢？"

这世上有太多的姑娘跟小米一样了，她们爱一个人总是不计付出，也不计较回报，只要爱上，便一头扎进去，再也出不来，也不想出来。她们恨不得将自己的心肝都掏出来给对方，可这样的一颗心，对方却迟迟不肯回应。

小米对那个人好得让我们这些舍友都嫉妒。上大学时她就给他洗衣服、买早餐，甚至放假也都是她起大早去排队买火车票。乌鲁木齐的冬天大雪纷飞，零下几十度，当我们还窝在被窝里不肯出门的时候，她却顶着严寒飞奔出去，只为给他抢一张周传雄的演唱会门票。

你能说小米傻吗？她在我们班学习可是最好的，然而在他面前，她却活脱脱成了一个傻瓜。她总是跟我们说："总有一天，他会像我爱他一样爱我的。"不得不说，这句话实在太矫情，简直像是恶俗言情小说里经常出现的台词。

我们都了解小米喜欢的那个人，自然明白她说的那句话只能是个美好的愿望。而小米是最了解他的人，难道她不懂吗？

其实她比谁都懂，只是她总是抱着一些幻想。他今天不爱我，那明天呢？明天说不定就爱了。就算明天依然不爱，说不定后天就爱了呢？好吧，如果后天也没有爱上我，可一辈子那么长，总有一天他会爱上我的吧？

谁说只要努力地去爱就能够得到相等回报？爱情里本就没有公平之说，只有愿意与否。你愿意对他好，未必他就会对你好。你不能期待得太多，也不能总是不求回报。这世上没有任何一样东西，是不付出就能轻而易举得到的。你将心给了他，他却转身走掉，留你一人在原地独自悲伤。

这一次你可以自愈，而下一次呢？每次你对他好，都得不到他的任何回应，哪怕只是一个短暂的拥抱。

有一回，小米喝得酩酊大醉回到宿舍，躺在床上抱头痛哭："我对他那么好,他却说跟我在一起,完全是因为还没找到对他更好的。"

宿舍的姑娘都沉默了,不知道该怎样去劝她。大家都以为小米的恋爱会就此告终,却没想到次日小米却跟什么都没有发生过似的,该学习学习,该恋爱恋爱,该对他好继续对他好,好像昨晚痛苦得死去活来的那个人不是她。

用朋友夏夏的话来说,她爱得太卑贱。

大概每个人的生命里,都有那么一段爱得卑贱的过往。你无可救药地喜欢一个人,从此变得不再像自己,无论哭笑着经历怎样的心酸,只要能与他一起,你便什么都能豁出去。

你喜欢睡懒觉,却因为他喜欢晨跑,就定好闹铃早早到楼下等他,只为了能跟他多说几句话。

你喜欢大手大脚地花钱,凡是中意的东西,你从来都是不假思索地先买了再说,而现在你的目光只是停留在漂亮的东西上多看两眼,很快便攥紧了钱包,继而转过身去给他挑一件合身的衣服。

你不喜欢芥末味的食物,可他却偏好这口。你为了迎合他的口味,每次与他吃饭,专挑芥末味儿的菜品,吃得你眼泪直流,却依然乐此不疲。

你不喜欢听摇滚的音乐,可是他喜欢,于是你手机里专门建了一个文件夹，存放他喜欢的摇滚音乐。

……

遇到他之前，只要是你不喜欢的，都会断然拒绝。自从遇到他，只要是他喜欢的，哪怕你再讨厌，也愿意去尝试、去改变。

你以为这样就能走近他，奢望着终有一天他也能这样待你。可是，他还是那个他，不会为你做任何改变的他，不会为你而强迫自己做任何事的他。而你却早已不再是你，渐渐变成了一个只围着他转的陀螺，失去了原有的重心和特色。

即使如此，你也从未想过要离开他。

小米说，一想到离开他，我就舍不得。

我跟她说：“曾经你最舍不得的漂亮的衣服，可现在你为了他不也舍得了？"

其实没有舍不舍得，只有你想不想。如果你下定决心要抛开，就没有什么是做不到的。你犹豫不决，以"不舍"当作不离开的借口，把自己困在牢笼里不肯解救自我。

有次在好友的QQ空间里看到一篇日志，大体是讲她如何痴迷地爱一个人，那人却没有把她放在心上，她太伤心了，于是就在胳膊上刻了他的名字。

我跟她讲:"既然你知道他不爱你,为何你还为他做了那么多事,甚至在胳膊上刻了他的名字?最多他也只是感动,但感动不是爱。你与其卑贱地去爱,为何不高傲地单身呢?"

试着去过一段没有爱情的日子,对着娱乐节目傻傻地发笑,欢呼雀跃地吃一顿大餐,旅途中经过美景就停留拍照。这样的你是多么快活!

为何喜欢一个人,要让自己变得那么不快乐,变得那样悲伤,认定伤透了心才是真正的爱情?

难道我们一定要在爱情里将自己折磨得遍体鳞伤吗?

为何我们要将自己真实的感受隐藏,刻意去迎合对方,然后假装开心地说:"只要能跟你在一起,无论有多苦都是值得的。"

可是,这一切,真的值得吗?

你将你的世界都给了他,不惜失去自己的位置,还忍痛在胳膊上刻下他的姓名。你将他的喜怒哀乐都铭记于心,关注他的每一个细节,只希望能够换来他的关心和爱护。你很了解他,而他却连你不喜欢芥末都不知道,就更别提其他了。若是他稍加留心,就不难发现,你在吃芥末时难以下咽的表情。可见,他对你并不上心。

是的,你知道他并不了解你,或许除了你的姓名,关于你的一切，他都一无所知。他只顾着静静地享受你的给予，却从未想过要回馈些什么，好似你的付出都是理所当然。

他与你一起，也许只是因为你对他好。他不离开，恰恰是还没有遇到比你对他更好的人。如果哪天他遇到了令自己动心的姑娘，当初你为他做的，他也会为她去做。

你的世界抛开他不谈，还会剩下什么？

你早已将自己输得彻底，你身上曾特有的迷人气质，也随着取悦他而消磨殆尽。

这样的你，注定要失败。

爱上一个不爱你的人，固然卑微，但最悲哀的莫过于丢掉原有的自己。如果一段感情，必须要你舍弃自己才能维系下去，换来甜蜜欢笑，那我劝你趁早割舍。

朋友跟我说，并不是每个人都能在恋爱时，考虑得如此全面，大多数人都管不住自己的心，哪怕知道前面是南墙，也会勇往直前向上冲，不到头破血流不会明白，有些人强求不来，感情，不是努力付出就能拥有的。

是的，那时的我们都太年轻，所以才会不计后果地横冲直撞，奢望能闯出一条属于自己的幸福之路。我们想到什么就去做，那份勇敢在今天看来都是那么地令人羡慕！毕竟不是谁都能够义无反顾地去争取。

可身在迷途，让我们都忘记了归途，忘记了最初来时的路。

最初爱上他，是因为他能带给你欢笑，是因为他能让你找到温暖的感觉。可最后跟他在一起，他却成了你唯一的重心，你将他看得比自己更重要。渐渐地，你失去了自我，也失去了爱上他的初衷。

凌晨两点，我接到小米的电话，她兴冲冲地在那头叫嚷："我终于决定要放弃他了！"

"你终于舍得离开他了？"

"与其一辈子在他面前卑微，不如高傲地离开，哪怕永远只是一个人，至少活得潇洒自在。"

我"扑哧"一声笑了，半认真半开玩笑地说："别着急，你会找到爱你的人，关键是要找到自己，幸福就不远了，我等着喝你的喜酒啊！"

有些时候，离开并不是因为不爱，而是因为累了、倦了，再也耗不起了。

我们没有想象中那么强大，承受不了一次又一次的失望，也没有那么多泪水可流。也许还没有走到最后，有人就已经先起了放弃的念头。

我们都以为会有些事是一成不变的，到后来才发现，连习惯都会随着时间的流逝而慢慢改变。原来深爱的人，也会有成为陌生人的一天。

你当年意气风发，嘴角上扬时也曾魅力四射，与好姐妹肩并肩，大谈青春与理想，有着踏遍祖国大好河山的美梦。那时空气中有玫瑰的香气，有青草的芳香。

那时的你，还没有遇见他。你的世界还有诗与远方。

不断纠缠于一段不属于你的恋情，只是在无谓地消耗自己。只要离开他，重拾最初的自己，你会重燃曾经的激情，美好又会重现。

我的理想一直在我身上,只要我不放弃它,我走到哪里,它就在哪里,我向哪里出发,哪里就是理想的天堂。

——《候鸟》

第五章

亲爱的,你不必成为其他任何人

过得去过不去的，
都终将过去

过去

这两天武汉特别冷，我在微信朋友圈里发了一个状态："哪天要是我不见了，不是被热死的，就是被冻死的。"很快就有朋友在下面留言，发了几个龇牙的表情，笑着调侃："谁让你每天吃那么少的饭，自然要挨冻！"

看着朋友幸灾乐祸的样子，我回了几个白眼。

不久有朋友给我打电话，不知道聊了多久，她忽然问我："你想家了吗？"

我笑着说:"没有啊,你不知道我在武汉过得是有多逍遥快活。"

良久,她在那头叹了一口气,说:"其实我知道,你在那边过得不开心,不然你不会发那些幽默好玩的段子。我了解你,你是一个报喜不报忧的人。"

我捂住电话久久不敢出声,生怕她听见我在哽咽。或许人都是这样,不经意间就会被别人的一句话戳中泪点,那句话本身没什么,只是恰好触碰了你记忆中脆弱的地方。

回忆里的时光总是让我引以为傲。我曾为爱奋不顾身,也曾为梦想坚持不懈,还有后来为人生的打拼。

当初自己就像上了发条的机器人,永远不知疲倦地朝前奔跑,每一天都过得很充实。新疆的朋友时常会给我打电话,有的会问我,为什么会有这么大的动力,将生活过得多姿多彩?

当时的我一脸骄傲,对他们说:"我是为了寻找这世上唯一的我,你们这帮没有文艺细胞的人是不会懂的。"

那些死党都一脸嫌弃的表情看着我说:"你走吧,我们才不稀罕看见你呢!"

可是我知道,无论我到哪儿,只要我需要他们,哪怕我不说,他们也能明白。我随便在朋友圈里发点什么,他们都能透过简要的文字看穿我背后的忧愁。

每次回家，大家都在一起聚餐。总会忍不住地互相揭对方老底，但都不约而同地绕过那些真正的、轻轻一碰就会流血的伤疤。

岁月会使我们渐渐淡忘那些痛彻心扉的往事，但那些历经悲痛的时刻，却始终都会铭记于心。我们身边总会有那么一帮甘愿做我们"贴心小棉袄"的死党们，他们永远是你可以依靠的人。

过不去的

有一段时间，我过得不太如意，喜欢的人变心了。一向活泼开朗的我，一下子变得沉默寡言起来。

我开始不看书，不写字，不听歌，不聊文学和当下热点。每天下班到家就躺在床上，无所事事，好像只有这样，才能让那些不顺心的事烟消云散。

有时候逃避也是一种减压的办法，稍有风吹草动，我们就把头缩进了坚硬的壳里，它使我们感到安全。

有时候，路过十字路口，忽然听见一首老歌，我就会忍不住流泪。那是我和他共同听过的歌，听着这首歌，我难免想起往事。

三年前,我们就是在十字路口相遇的。过了很久,我才敢对他表白。他说我们相爱的时间只有三年,但对我来说,却是四年。

不知道他那边是不是正在下雨,记得他最讨厌阴雨天。

有一次在武汉,天忽然下起了大雨,他在车站拿着雨伞等了我将近一个小时,我嫌他来得太早,他却解释说怕来晚了我找不到他会着急。现在想想,当时的他傻得让人心暖,这件事我一直记在心里。

还有,每次路过奶茶店,他都会拉着我快速走开,他不是讨厌喝奶茶,而是不想让我喝。

每次看电影,看到动人之处,我都会哭得稀里哗啦,他笑我像个孩子似的长不大。我搂着他问,会不会有一天我们也会像他们那样天各一方。当时他很坚定地说:"不会。"

分手之后,每到夜深人静的时候,我都在默默地哭泣。半夜里睡不着爬起来边数星星边想,要是当初我乖一点、温柔一点,对他好一些,我们现在会不会是另外一个结局呢?

我甚至幻想,如果像电视剧里那样,我把眼睛哭瞎了,他就会被感动,紧紧地抱住我说:"玲子,我们和好吧。"

他会不会也跟我一样,在某一天的某个时刻,不经意地想起我们的故事。会不会也曾感慨时间过得太快,也为我们没能好好珍惜那段时光而感到惋惜。毕竟我们彼此深爱过，也曾那样认真地将彼此都放在心上。

或许是回忆太美好，才会让人念念不忘。约好友去喝咖啡，聊着聊着就会不自觉地提到了他。

"不是早就决定把他忘了吗？"好友提醒我。

"一直在努力地忘掉他。"

好友摇摇头："如果下定决心忘记一个人，是不会常把他挂在嘴边的。"

也许真像好友说的那样，真正要忘记，便不会再刻意地躲避或提起那个人，也不会再把对方看得那么重要。

人生中最美好的事，就是在最好的年华遇见真心爱着的人。我很庆幸我曾遇见他。

已经过去

我还是老样子，躺在床上就会想起他的样子，想起他说过："不要这么拼命，试着去享受生活。"

以前我总是喜欢跟他反着来，自从与他分开，我变得不那么拼命了。没有灵感的时候，不会逼着自己写稿子；不想看书的时候，也不会拿着书死命地去看……

曾经那些怎么改也改不掉的坏习惯，如今也都渐渐被改掉了。没有什么是不能被改变的，要改掉一个习惯，刚开始可能会很别扭，但只要坚持下去，就一定可以成功。

渐渐地，我不会再轻易地因为听到一首歌而掉眼泪，即便那是我们从前最爱听的。

这个世界总是喜欢跟我们开玩笑，越是你想发生的事情，越不容易发生。他离开的时候，我就像做了一场梦。我原以为梦醒之后，会痛彻心扉，结果却发现自己变得释然了。

我从一个懵懂无知的少女，逐渐懂得世事无常，该来的始终会来，留不住的，就算再努力也是徒然。所以，最后我终于接受了他的离开，也接受了自己的不完美。曾经以为再也好不起来的日子，如今也都变得很美。

我坚信自己终将遇到一个像他那样疼爱我的男生。

前两天是中秋节，他给我发信息问我有没有吃月饼。其实，我最不喜欢吃月饼，往年中秋时他总要硬塞给我一块，说这样才有过节的感觉……

我曾幻想过无数次他再联系我时的场景，唯独没有想到，他会发这样一条信息给我。我以为自己会哭，毕竟爱了他那么久，毕竟当初是那样不舍得分手。可是好奇怪，我竟然没有掉一滴泪，像个老朋友一样回复他："中秋节快乐。"

他并不知道，我发完信息之后，整个人都放松了下来。事实证明，这个世界上没有谁离开谁就会活不下去，也没有改变不了爱情。我们总觉得彼此的相遇是命中注定，可最后的结果说明，这世间所有的命中注定都是巧合，没有什么是一成不变的，没有什么是生来就定好的，相爱只是一种偶然。

是时间让我对你产生了感情，又是时间让我从情感的泥沼中走了出来。我终于相信，一切都有尽头，相聚或离开，都有时候，没有什么会永垂不朽。

再难忘的回忆也会变淡，所有过不去的也终将过去。

倘若有天我还能遇见到你，也许我会笑着跟你聊聊最近发生的趣事。同时，也会对你说一声："好久不见。"

当你遇到怎么也无法排解的烦恼时，不要害怕人生会变得有多糟糕，你只需要依然做你自己。一切都会在你专注做事的过程中，悄然改变，你曾经以为无法改变的最后终将消失不见。

你 无 须 伪 装 成

别 人 喜 欢 的 样 子

你有没有过这样的感觉——

平常和朋友在外面吃吃喝喝，酒桌上谈得风生水起，举杯时总是拍着彼此的肩膀称兄道弟，看起来好像关系很好。

夜深人静睡不着的时候，翻遍所有通讯录，却发现，找不到一个人可以倾诉；遇到困难时，找不到一个人能鼎力相助。

你明明认识那么多人，却还是感到无比的孤独。孤独的时候，找不到一个可以和自己做伴的人。

深夜总是容易勾起回忆。你回想起童年时光，身边总有许多玩伴。放学以后大家会手牵着手热热闹闹地过马路，然后到某个自封的"秘密基地"去疯玩一把，直到全身没有一块干净的地方，累得再也兴奋不起来了的时候，才想回家。

小时候，我们做事全凭自己高兴，不知道考虑后果，想到什么就去做，心里有话就直接说，不懂得什么是委婉，什么是客套。恨不得每件事都顺从自己的心意，从不会在乎别人怎么说。就算有人阻拦，我们也会毫不犹豫地按自己心意来。现在想来，那时做着最真实的自己，那段岁月也成为我们最惬意的时光。

而现在呢？我们长大后，特别是大学毕业进入社会以后，彻底地进入了大人的模式，明白了要想在社会上立足，首先要学会与人交际。身边的长辈也会为我们出谋划策，提供过来人的经验，诸如"你要结交一些对自己的事业有帮助的朋友"、"不要再像个孩子似的，做事单凭自己喜欢和高兴，要懂得从利益出发"、"不要将情绪都写在脸上，锻炼自己处变不惊的能力，学会喜怒不形于色"、"不论你走到哪，遇到什么人，即便是对最贴心的朋友也要有一颗戒备心，因为往往害你的人就是离你最近的人"、"报复心强的人一定不要得罪，有再大的不满也要往肚子里吞"……

就这样，我们还没来得及与其他人接触，就被长辈上了一课，于是赶忙为自己的心构建起坚硬的堡垒。

渐渐地，我们开始小心翼翼，逢人便笑脸相迎，即使是讨厌的人也要逼迫自己装出分外欣赏的样子；陪人喝酒的时候，不管多么不情愿，也要以交际的名义，做着十足的表面文章。因为我们怕极了长辈们说的那些经历会发生在自己身上，怕对方看穿自己心思，怕被朋友背叛和算计，怕一不小心就全盘皆输。所以，我们只好将自己伪装起来，不得不做个别人眼中的"交际王"。

　　我们以为这样做就可以和别人融洽地相处，就能够拥有很多很多的朋友。到最后却发现，我们依然是一个人。原来，自始至终你都在自己的世界里徘徊，他们的世界是他们的，与你没有任何关系。

　　每次失望你都忍不住地去想，为了去迎合这个世界，你做了很多努力，学会了内敛，藏起了倔强的脾气，用和善的外表来伪装自己。可是，为什么到头来，还是那么孤独，仍然感觉一无所有？

　　大家表面上说说笑笑，其实各有各的心思，只是在说话办事的时候谁也不想得罪谁而已。每个人都一样，看似与周围人的关系都很好，实际上自己与谁都不亲近。大家明白各自的心思，只是不予戳穿。这样逢场作戏的生活，让你觉得活着太累。

　　我们的笑不再发自内心，面对朋友，我们再也不像童年时那么直白。在不知不觉中，我们学会了戴着面具去生活。

长时间生活在同一种模式里，让现在的一切都装在各种框架里，如果抛开了这些框架，我们恐怕会面临严重崩盘。

有些事你一直想不通：

一个常常与人发生争执、几乎不懂得和平相处的人，在关键时刻，却有人为他挺身而出。

一个十足的吝啬鬼，平时很少请客吃饭的人，遇到困难时，却有人出来鼎力相助。

那个可以狠心拒绝别人的人，在他伤心难过的时候，随意一个电话，就会有人出现在他面前。

你想不通，为什么这样的人竟然比你过得舒服，他们的世界很热闹，而你的世界却是格外冷清。

你放下嫉妒与抱怨，开始观察那些你看不惯却比你过得好的人。你会发现，他们都很幼稚，他们总是那么直白，对谁都没有防备，喜欢就是喜欢，不喜欢也不会伪装自己去讨好别人。聊到感兴趣的话题会说个不停，如果对话题反感，就三言两语地结束谈话。他们像孩子一样纯真。

而你呢？为了赢得别人的好印象，不惜掩藏真实的自己，小心翼翼地和别人相处，期待成为别人的朋友……大家都是在社会上摸爬滚打，一步步走过来的，每个人想要交什么样的朋友，都有自己的标准。你抱着目的与对方结交，对方可能也把你当成了一个有利可图的人。

试想一下，你愿意与目的性很强的人交往吗？你愿意对方只是把你当成一个情绪垃圾桶吗？你愿意对方只有在遇到问题时才会想起你吗？

你希望看到别人最真实的一面，其实别人也是这么想的，谁都想结交真心相待的朋友。

因此，那些把自己最真实的一面展现出来的人，才容易交到最真挚的朋友。

你想走进别人的世界，要先让别人进入你的世界，看到你的真诚，看到你最真实的样子。他才会明白，什么时候的你最脆弱，最需要人安慰和陪伴；哪些话题你不喜欢，需要避而不谈。你们彼此迁就，欢快而舒服地相处着。久而久之，你们才会成为彼此最贴心的朋友。

你无须伪装成别人喜欢的样子，更没必要去讨好、迎合。即便是装得了一时，也无法装上一世，你又何苦为难自己，弄得一身疲惫。

你只需做好自己，坚持自己的原则，相信迟早会遇到真心相待的朋友。你们不一定有相同的爱好，但一定有相通的地方；你们不用刻意讨对方欢心，更不用担心因为发脾气而失去彼此；你们分享着彼此的快乐，分担着各自的哀愁，不怕将自己的脆弱暴露在对方面前；你们彼此迁就与包容，你们是朋友，也是兄弟，更是知己。他会懂得你心里所有的想法，会站在不同的角度为你解析难题，让困惑已久的你豁然开朗。

只有摘下面具，坦露真实的自己，才能找到真正懂你的人。

总有一个人，
视你如生命

每个人的生命里都有过这样一个人：她像是上天专门派来守护你的天使，总是能在你最需要帮助的时候，第一个出现；她会在你难过时，无条件地任你差遣，陪在你身边做她力所能及的一切，只为能够为你驱走雾霾，博你一笑。

她是你生命里的一道亮丽的风景线，可你从未想过某一天，她会和你渐渐地从亲近到疏远。

你跟男朋友谈恋爱时，她会冷不丁地跳出来帮你分析感情的种种细节，唯恐你吃亏上当。

你早上起不来床时，她会自觉帮你签到，并抄好课堂笔记。

你遇到不顺心的事情会莫名其妙地冲她发脾气，她会脾气极好地听你倾诉，不会生气，因为她知道，心情不好是需要找发泄口的，否则要憋出病来——她怎么忍心让你生病呢？

寂寞的时候，陪在身边的人总是她；生理期肚子疼得死去活来，都是她跑下楼给你打热水，用热水袋给你敷；在男朋友那里受了委屈，也是她二话不说，去为你打抱不平。

有次，她为了能让你喝到热水，一个人提着两个大大的开水瓶走在结冰的路上，地实在是太滑了，导致她狼狈地摔倒。回到宿舍，你见到她腿上、胳膊上的瘀血，心疼得一个劲儿地问她："你怎么可以对我这么好，甚至比我亲妈对我还要好。我们不沾亲不带故的，却比亲姐妹还要亲！"

她则笑嘻嘻地看着你说："要不是看在咱俩投缘的份上，我才懒得理你呢！"

当晚，你再次爬上她的床，与她抱在一起取暖，分享各自心里的秘密。看着她被开水烫得发红的双手，眼里的泪水就那样情不自禁地落了下来。

你的左手牵着男友，右手拉着她，觉得三个人就这样一辈子走下去多好！

我们在拥有的时候，不会想到失去，总认为它会一直都在，"离开"是一个遥远的日期。

走出爱情的世界，你一下子从"公主"变成了"平民"。分手的事情你只告诉了她，你偷偷买来啤酒，躲在寝室里的被窝里边哭边喝。她支开其他室友，然后陪你一醉方休，你向她倾诉着满腹的委屈：原来恋爱也不过如此，哪比得上朋友间的友谊？你还说，哪怕这辈子只跟朋友过，也是甜甜美美的。

那晚你跟她说了很多很多，却唯独没有对她说，谢谢你！

你以为这样的友情可以延续一辈子，尽管那时的你还不懂一辈子是多久。然而，现实总是事与愿违，最终变成你所不希望的样子。你止不住感叹，那些美好时光为何会如此容易苍老？太多的事，还没等你来得及做，就又回到了原点。

原点已不是最初的原点。虽然你回到一个人的状态，却再也不是那个心境了，也不再是那个原来的你。

那些事，当初在你看来都是理所应当、不值一提的小事——两个人要好，不就该是那个样子吗？而现在的你每次回忆起那段时光，都会有点儿羡慕那时的自己。

即便现在，你身边有可以托付终身的人，已经学会了如何保护自己不再受伤，已经拥有了很多朋友，却再也没有人能给你如她那般的感觉——到这时才知道，她是无法替代的！

往后的这些年，你再也不曾遇到一个人能够像她那样懂你。只要看你一眼，就知道你有怎样的心情，哪怕你在大大咧咧地笑，她也会知道你内心的悲伤。她知道如何哄你高兴，也懂得怎样不戳痛你的心伤。

她可以帮你解开心灵深处挥之不去的情结，也可以毫无保留地对你倾诉。你们谈论天文现象，谈论娱乐八卦，谈论哪个男孩帅气、哪个女孩靓丽，谈论看不惯谁的行为，谁又抢了谁的风头，等等。你从来不会担心你说的话被泄露出去，你对她抱有百分百的信任，就算在她面前糗态百出，也不在乎。

至今还清晰地记得，她常说的一句是：有需要帮忙的地方，尽管开口，我就是你的万能钥匙。

从此，你真的无事不找她……

你跟她说，因为上课太无聊，所以让她帮你做课堂笔记。

你跟她说，食堂人太多，不想排队，让她打饭顺带捎一份回来。

你跟她说，水房离宿舍太远，你懒得动，让她帮忙打回来。

你跟她说……

不知不觉，所有对她讲的话都成了对她的要求。渐渐地，你觉得她对你的好是理所当然，她是你的死党，是你的知心姐姐，是你的万能助手。

却忘记，她也跟你一样是个女孩子，她也会有自己的感情，她也希望能有个朋友也如她对你这般用心地对待自己。

这世上，有谁不希望自己的感情能够被珍惜，又有谁不希望自己被人心疼、呵护、放在心上呢？

然而，那时的你，只顾着去享受这份如此舒适的友情，完全忘记礼尚往来这建立友谊的最基本的道理。

当你伤心落泪时，她为你忙前忙后地安慰你。而她难过需要人安慰时，你在哪里？

当你任性不去上课，她爽快地答应帮你做笔记。而她生病缺席听课时，又是谁帮她做笔记？

当你跟她分享内心世界，描绘着对未来的憧憬时，你可曾想过也问问她心中勾勒出怎样的未来蓝图？

你们之间，她足够了解你，也足够用心对你。而你呢，除了对她呼来唤去，在你最需要的时候把她找来，似乎从未关心过她，更没有为她做过什么，甚至你连她什么时候交的男朋友，又是什么时候分的手，都不知道。

那些你不懂珍惜的，早晚会有人替你珍惜；那些她为你做过的事情，也将会有人为她做。等到那时，你就真的失去她了。

直到有一天，当你发现她跟学校里你一直讨厌的女生走得越来越近，她们在一起有说有笑，她脸上绽放的快乐是你不曾见到的。这时你忽然慌了，你忍不住高声质问她："你可以选择任何一个女生做朋友，为什么非要是她！明明知道我看她不顺眼！"

这样的口气像极了恋人之间的争吵，你忽然意识到，原来友情也是可以吃醋的。

当她问你："仔细想想我在你面前总共哭过几回？"你愣住，因为你真的不知道她也会有哭的时候，你从未见到过她脆弱的样子，更不清楚她会因为怎样的事情而掉眼泪。

她说："你看，我们关系并不像你想象中的那么好，你连我哭过都不知道。而每次我哭的时候，陪在我身边的人却是你最不喜欢的那个女生。"

自此你知道，你们再也没有办法走下去了。爱情禁不起伤害，而友情亦是如此。除此之外，人与人的相处，更禁不起怠慢和忽视。

或许越是对你好的人，对你的期待就会越高；她越是对你无微不至，你便越要看仔细她。

几年后的晚上，你给她打电话，问她最近过得好不好。

她在那头笑："你什么时候变得这么文艺，我过得不一直都那样吗？"

你在这头听哭了，电话里她的语气与以往一样，动不动就喜欢让你猜。从前你几乎每次都能猜对，而现在却真的不敢妄下判断。

时光如若可以倒流，你愿意回到那段最美好的上学时光，那时你一手牵着男朋友的手，一手牵着她的手，你们一起等下课的时间，到食堂排队打饭。你会在她生理期时，不管她的肚子会不会痛，不管她舍不舍得你替她跑腿打水，一定把她按在椅子上，拿着两个空水瓶飞快地跑下楼去。最好也能在冬天狠狠地摔上一跤，然后让她爬到你的床上狠狠为你哭一回。

回忆里都是如同阳光暖暖的幸福，对比着现在看过去，你宁可活在过去，永远都不要醒来。如果男朋友带给你的是怦然心动，那么闺密带给你的就是细水长流的温暖。那温暖一直照耀你，就如同一首甜美的歌。

这首歌唱到最后，是酸楚决裂还是地久天长，其实都取决于你自己。就像故事中的"你"一样，可惜明白得太晚。

你曾想,跟她来一次秉烛夜谈,告诉她这些年你想要为她做的事,以及心里隐藏的想法,试图博得一次原谅和改过的机会。可你却迟迟开不了口。

故事里的"你"就是我,把这段情感写出来讲给你听,是为了不让你错过身边的她,不要将对你好的人推离身边,因为她有足够的资格享受你的好,请不要吝啬表达和付出。

如果可以,请在冬天为她织一件毛衣或是一条围巾吧,哪怕是用给男朋友织剩下的毛线!相信只要是你送的,她都会感到高兴。

如果可以,分享她的喜怒哀乐,一定不要让她误解除了被你当作情感垃圾桶,她没有任何功用。

如果可以,尝试走进她的生活圈,别总让她仅仅围着你转。你也要走进她的内心世界看一看。这样你们才能够懂得彼此的需要,心的距离也将越来越近。

不要走到未来,再后悔当初。像我这样,来不及倾诉就要告别,来不及用心就已失去重心,来不及珍惜就已失去。

与我不同的是,你可以选择不同的结局。是想与她一起活在回忆里,还是想让她陪你继续走下去,这一切,都取决于你。

日子这么长，
有什么可急的呢

CA是个懒孩子，交稿日期眼看就要到了，却仍然没写半个字。

我只会干着急，在QQ上不停地催促她。她却发个龇牙的表情，对我说："没有思路的时候，我从来不会逼着自己写凑数的稿子。即使我老了，也还能拿得起笔，写得了字。日子这么长，有什么可急的呢？"

她说这话的时候，我不由得惆怅地发现，自己几年来一直疲于奔命。

上大学的时候，忙着学习，忙着考试，还要完成出版社的稿子，为此我经常熬夜，然后第二天顶着熊猫眼去上课。

上班以后依然如此，每天回家就马不停蹄地赶稿。

不知不觉中，写作已经成为我生命中不可分割的一部分。为了它，我放弃了很多，比如酣畅淋漓地玩一次，陪朋友好好地逛一次街等。

CA说，她喜欢写作，但不会让它影响自己的生活质量。我去网站查看她小说的更新进度，发现她一天只更新一章。我对她说："这样不行啊，以这个速度，你是无法如期交稿的。"

她回复我："我要是为了凑字数去写，不注重文字质量，那才让编辑恼火呢！我要慢慢地写，争取一次通过。"

我忽然很羡慕她，她的世界怎么能那么惬意呢？稿子可以慢慢写，兴趣可以慢慢来。对于同样是作者的我来说，不嫉妒那是假的。如果我意识到自己不能按时完成稿子，我会着急，会焦虑，会懊恼，甚至会每天给自己规定写作进度，写不完就不睡觉。我从来不拖稿，但也没有因此过得更快乐。

或许是CA太惬意的写作方式刺激了我，我终于忍不住对她大吐苦水，讲述自己这些年来写稿子的日子是如何的"惨"。

她倒是淡定："无论做什么事，最重要的是让自己快乐。我写作，是因为它能给予我快乐，倘若哪天它不能让我感到快乐了，不管多喜欢，我也会放弃的。"

是啊，我写作的初衷不是跟她一样的吗？只是因为它能让我快乐啊！

那么……

从什么时候起，我把兴趣变成了任务，必须要筋疲力尽才能完成？

从什么时候起，那个满身热血的青年，变成了只会按部就班的上班族？

从什么时候起，做事最先考虑的不再是开不开心，而是重不重要？

有时候，我也很疑惑：当初那个想做什么就做什么、只为开心而活的自己，究竟跑到哪儿去了？

我继续向她诉苦，自己辛辛苦苦地写完一本书，却找不到出版社签约；全稿早早就交了，却拖个一年半载才上市；稿子也有可能永远地成为放在电脑里的"古董"，沦为一个人孤芳自赏的作品。

CA问我："如果有一天你的稿子不能出版了，你还会高兴吗？"

"当然不会，毕竟那是我花心思写的东西，如果出版不了，我能高兴才怪。"

"那你就不是单纯地喜欢写作，而是喜欢它额外附属的东西。换成是我，即使我的作品不能出版，我也不会难过，因为我在写稿时，已经享受到了快乐。如果你很努力地做一件事，最后得到的结果却不是自己想要的，先别急着去难过，要明白，你已经尽力了。当然，这不是让你向现实妥协，而是你要学会让自己活得轻松一些。"她认真地对我说。

我恍然大悟，她之所以能把枯燥的生活过得如此惬意，那是因为她做每一件事都懂得享受过程。而我，往往过于在意结果，却忽视了过程带给我的快乐。

前两天接到家里的电话，那会儿已经快晚上六点了，妈妈一听见我还在上班，就对我唠叨起来，说不要学隔壁邻居家的孩子，为了升职拉业绩，整天不回家，最后累得都住院了。

隔壁家的孩子我是知道的。他是个很有想法的人，在学校时成绩一直名列前茅，到了单位他总是想引起单位领导的重视。作为一个新人，他不可能那么快就做出成绩，更别说在团队中脱颖而出了。于是，他就拼命地提升业绩，想让领导看到他的实力，却不想最后将自己送进了医院。其实他这么拼命，并不完全是为了升职拿高薪，更多的是因为他习惯了以优秀的姿态站在众人面前。

我们身边有很多人都像他一样，为了让自己更优秀，变成自己想要的样子，不惜透支自己的快乐，甚至健康。不问自己想要不想要，不管自己快乐不快乐，只是为了保持在别人眼中的优秀姿态。

一直以来，我把工作当作梦想，我为之竭尽全力。

为梦想拼没错，但太拼了，压缩了生活空间，降低了生活品质，那就没必要了。回想起来，我们怀念的依然是当初那个为一点点美好就能喜悦好久的自己。

最初，一点小成绩就能让我们兴奋得彻夜难眠，现在却容不下一丁点的失败。你越来越不堪重负，越努力，越失败，最后就只剩下困惑和迷茫了。

不忘初心，方得始终。本来就是因为喜欢才去做一件事，可是得到快乐之后，你又想要名，又想要利，还想要其他更多的东西，为了找快乐，把自己弄得不快乐。

CA说，有时候我们感到不快乐，并不是因为过得不好，而是太过于计较。

我们都明白这个道理，却还是将心思集中在了那些令我们不快乐的细节上——工作上遇到一点小挫折就会愁眉苦脸，生活中但凡有点儿不如意就会闷闷不乐。

不要把自己想象成世界上活得最艰难的人，那些看上去比你过得滋润的人，只是更懂得享受生活罢了。如果你能将紧张的心放松下来，那么，曾经那些看似奇葩或倒霉的林林总总，都将成为你人生中有趣的小插曲。

快乐并没有你想象的那么难，你只要愿意接纳和包容并不完美的自己，就能过上你向往的惬意生活。你的世界原本就五彩缤纷，如果你想要得到更多的东西，只需将心灵的窗户打开就好。

快乐就是如此，只要你不拒绝，只要愿意用微笑来接受，它会一直徘徊在你的周围，不舍得离去。

只要记忆还在，

我们永远不老

又听到《候鸟》这首歌，忽然想起了自己的学生时代。

那时候我们一起逛街，在一个音像店门口听到了这首歌。正是缘于都喜欢S.H.E这个组合，我们认识了彼此，最终成为无话不谈的好朋友。

因为喜欢这个组合，所以她们的每张专辑我们都会买，每首歌的歌词都能牢牢记住，尤其是她们在舞台上的精彩表演，会让我们痴迷许久。

"闺密"这个词，近年越来越流行，原本是指彼此之间能相互信任、相互依赖、诉说衷肠的朋友。可是现在，彼此才认识三两天的人就勾肩搭背地互称"闺密"。

很奇怪,尽管我们已经好多年没有联系,可每当别人说起"闺密"这个词,我脑子里第一个想起的人都是你。

那时候,学校里有一棵大柳树,我们经常坐在树下,拿着英语速记词典玩命背单词,背累了就靠着树干畅想未来。我们总觉得长大是一件很遥远的事,未来更是遥不可及。

记得你说,你最想做的事是独自一人去远方流浪。我笑你,说你连东南西北都认不清,去流浪肯定连回家的路都找不到。你当时气得丢下手中的书,追着我满操场跑。

当年在我们看来,那个操场很大很大,跑上一圈会汗流浃背,气喘吁吁。可这两年我回去时,才发现它其实一点也不大,只是那时候的我们都太小。

那时的我们个子矮矮的,永远扎着个马尾辫,走起路来一甩一甩的,嘴里还总是念叨着:"友情第一,毕业万岁!"那个时候,我们的感情纯粹得不含任何杂质。在你的带动下,我不再厌学,开始对学习感兴趣了。关于这点,妈妈一直认为我交对了朋友。

当然,我们也会有争吵的时候,也会发点小脾气。想起来,友谊真是奇妙的东西,过不了多久,总会有人主动示好,两人也就又回到了无话不说的日子。用"闺密"这个词形容我们之间的友谊是再恰当不过的了。

记得有一次，我们吵得很凶，谁也不肯给对方台阶下。最后你窝在被子里写了一封长长的道歉信给我，第二天偷偷地夹在我的语文课本里。

我读完以后眼泪忍不住地往下掉，回头看你的时候，才发现你也早已哭红了双眼，于是我们抱在一起，哽咽地说再也不要吵了。那时还没有"闺密"这个词，我们都说要做一辈子的好朋友，永远不分开。

从那以后，我再也没有遇到一个能为我写信的女生，也再也没有人能轻易将我的眼泪勾出来，过去这么久，那些画面现在想起依然会让我眼眶湿润。也许人都是这样，回忆那些失去的东西时，会愈发地怀念，也愈发地难过。

后来，我们上了同一所大学，住进了同一间宿舍。我们经常躺在被窝里说悄悄话，议论班上哪个男生最好看，议论谁学习最努力、最拔尖，议论谁好像谈了恋爱，等等。你说，如果哪天我们心里也有了自己喜欢的人，一定不能小气地藏起来，要大大方方地带到对方面前。

我们喜欢的东西真的有太多是相同的,比如都喜欢吃草莓味的冰激凌,都喜欢看喜剧,都喜欢听S.H.E的歌曲。没有想到的是,我们竟然也喜欢上同一个男生。

我按照之前的约定把他介绍给你认识,发现你突然黯然了。尽管你没有明说,可后来我还是知道了。从那天起,你便离我越来越远,从亲密无间到形同陌路。

每次我们在学校的走廊里碰见,连个招呼都不打,就像擦肩而过的陌生人。我过生日请了很多人,唯独没有叫你,因为我不知道该怎么向你开口。我以为你再也不会理我,我以为我们再也回不到从前了。

万万没想到,有一天,你将一张许嵩的专辑递到我面前,那是在你疏远我的日子里,我新迷上的歌手。

快到你生日的时候,我本来准备把这些年我们在一起的点点滴滴都记在本子上送给你,里面有我们上课时偷偷写的纸条,有在被窝里聊的悄悄话,还有在大柳树下你分享给我的学习心得,更有我们随手涂鸦的对未来的憧憬。我终究还是没能送出去,因为还没等到那天,你就已经出国留学了。

这已经成了我的遗憾。直到前不久,我去参加一个同学聚会,有人无意间提起了你，我要来了你的联系方式，给你打了电话。

　　这么多年了，我终于又听到了你的声音，我们聊起了过去，聊起了那些点点滴滴的琐事，边回忆边感慨，那时的我们多要好啊！你在电话里笑着说："是啊，想起来总觉得那时候很美好，又有些傻，怎么会有这么纯真的感情呢！"

　　原来你也和我一样，即使过去这么多年，依然会想起那段一起学习、一起打闹、一起谈八卦的日子。

　　我说："要不咱们见个面吧！"

　　你却说："有些感情只有埋在回忆里，才最值得回味。"有时候真正地离开，反而是更好的纪念。如果这些年我们一直在一起，彼此反而会生厌，也许会因为一次吵架而彻底断了友谊。应该感到庆幸的是，在我最想你，也在你最珍惜我的时候，我们恰好分开。再过很多年，我们也许依旧是彼此心中最好的闺密。

　　我们都一样，都不想破坏心中的那份美。也许是这些年我们经历得太多，都清楚人终究是会变的，不变的或许只有回忆。于是，我们都小心翼翼保存着过去的美好。

　　时至今日，我们都保持着联系，却谁也没再提起见面的事。

　　只是我知道，无论何时我都会记得你，那个曾陪我走过了整个青春，待我如同亲姐妹，曾与我喜欢同一个男生的你。而那些回不去的旧时光，会在我心里永久被珍藏。我们彼此见证了在青葱岁月里各自的成长。只要记忆还在，我们就不会老。

只要你跑得够快，

孤单就抓不住你

最近总感到自己与生活格格不入。

曾经能在聚会上开"新闻发布会"，现在却对明星八卦、娱乐新闻等话题毫无兴趣。聚会的时候，越是想融入她们，越感觉自己是个局外人，最后，总是坐在沙发上玩手机。偶尔有人跟我说话，我只会应声附和。他们说我变了，变得沉默寡言。我在心里暗暗叫苦，其实大家都在变，只是我已经赶不上他们的脚步了。

对自己的孤单，感到莫名的哀伤。

有阵子我感觉很疲惫，状态极差，下了班什么也不想做，于是，我决定出去旅行。我背着包出了远门，去了最想去的地方，一路上看了许许多多美好的风景，也听了很多首动人的歌。

在这段寂静的时光里，我想明白了很多事情。那些说好要一起走到最后的人，失去联系已经很久了；那些又傻又单纯的时光，一去不复返了。我们站在当下追忆过去，却不知道未来的我们又会以怎样的眼光来看待现在。

在去往远方的火车上，我接到了小米的电话。她说感到越来越孤单，想回国了。我愣了很久，回想起她决定去加拿大时满脸笑容的幸福模样。那时候，我们都很羡慕她。

我猜小米之所以感到孤单，大半是因为怀念家乡，于是我跟她讲起了近年家乡的变化：那些儿时留恋过的地方早就被拆了，最喜欢吃的那家川菜馆变成了游戏厅，经常光顾的饰品店摇身一变成了网吧，就连我们一起轧的那条马路上，现在也盖起了居民楼……

小米在电话那头沉默许久后，说："倒也不是想家了，只是觉得越来越感到孤单，为什么会这样呢？"

这是很多人心中的疑问，明明我们在拼命成长，努力生活，为什么却越来越空虚，越来越孤单？在火车上，我看着那些跟我有一样表情的人，只会一遍遍拿起手机看时间，一时语塞。

我跟小米说："其实不是只有你一个人会感到孤单。就比如说我吧,面对曾经无话不说的朋友,现在都不知道该说些什么。很多东西,都已物是人非。我们的家乡,就算你回来了,也找不到当年的味道。可以说,相见不如怀念。"

她说她知道,可还是会不时地感到孤单。

我们之所以会感到孤单,是因为找不回那个曾经的自己了。

人都在不经意间发生着变化,天天见面的人未必会发现,阔别已久的人却很容易察觉。很多时候,你以为自己什么都没有变,但你早已不是那个过去的自己了。

可我们还是要继续往前走,要学会面对这种孤单。

旅行结束后,我又回到了上班下班、回家写稿的生活模式。还是那个我,不久前还大大咧咧地嚷着要去尽情地流浪,而现在却下了班就宅在家里。

有段时间,我十分厌倦这种状态,因为它让我感到寂寞。待在房间写稿子的时候,我总是循环播放凯斯·厄本(Keith Urban)的《Tonight I wanna cry》(《今晚我只愿哭泣》),歌词里写道:"Alone in this house again tonight, I got the TV on, the sound turned down and a bottle of wine(今晚房间又只剩我一个人,我打开电视,调低音量,拿出一瓶酒)."每次听到这几句,我就有喝酒的冲动,我对自己说:

不能再这样下去了，要么换工作，要么放弃写稿子，总之，我需要时间去交朋友，去适应新的环境。

那时候，我刚来武汉没多久。还记得临别时他们对我说："到了那边你会感到孤单的，没有人陪你说话，也没有人给你安慰和温暖，那样的日子你过得下去吗？"

当时的我，意气风发，对这番话不以为意。可是没过多久，我就体会到了他们所说的孤单。

我终于没有将这番感受与他们分享。既然这条路是我自己选的，那么我理应勇往直前，将这条路走到底。

起初，我试图用忙碌掩盖孤单，后来却发现并不奏效。不过多亏了这段"疯狂疗伤"的日子，我既没有放弃本职工作，同时还顺利地完稿了。但，治愈孤单的真正原因是：我在武汉有了新朋友。

我把这个心得体会第一时间跟阿雅分享，因为她跟我一样，也是只身一人在异乡漂泊，身陷孤单的沼泽。我本以为她会很欢喜，却没想到她不以为意。

我问她："你很享受孤单吗？"

她回了一个白眼："这世上恐怕没有人愿意孤单吧，我也想像你那样，可偏偏习惯拖了后腿。"

  虽说习惯很难改变，但倘若你有改变的决心，只需二十一天就行。以前我看书很"挑食"，偏爱中国文学作品，后来我开始尝试着阅读外国文学作品，例如《挪威的森林》、《生命中不能承受之轻》、《百年孤独》等。我一度以为不可能改变的偏好，不知不觉中竟也改变了。

  我们往往将棘手的问题归咎于习惯，却从未想过要去改变。如果你对现有的生活不满意，请先不要急着去抱怨，不妨尝试着去改变，也许会有意外的收获。

  我还是跟阿雅说："试着去做点儿别的事情转移注意力吧！你不是对外语很感兴趣吗，那就去报个学习班。"

  几个月后，阿雅给我留言说，准备跟在补习班认识的人一起出去旅行。

  过分执着于一件事，于人于己都没什么好处。就像一个堵车的路口，前方车辆已无法通行，后方的车辆却依然紧跟其后。这时，我们缺少的只是一个提醒：此路不通，请绕道而行。

  遇到难过的事情，我们往往习惯于将自己关在房间里，一遍遍地听着悲伤的歌曲，陷在绝望里无法自拔，却从未想过，孤单，或许是缘于我们的某种习惯。只要你跑得够快,孤单就抓不住你。将自己抛进多姿多彩的生活中,将那些孤单、寂寞全部丢掉,你可以过上更好的生活。

愿你告别孤单。